重庆城市管理职业学院高层次人才科研启动基金项目（2021kyqd01）、
重庆市自然科学基金项目（cstc 2018jcyjA1663）资助出版

卓越工程师
是能够炼成的

梅青平 金义忠 著

化学工业出版社
·北京·

内容简介

针对社会关注的卓越人才教育培养热点，本书是卓越工程师和卓越技师后备人才进行自主学习、自主修炼、自主发展、自我实现的新思考，是对卓越工程师教育培养命题整体性多维度、多层次的探索，也是对卓越工程师本质的一次认真研究，优化了卓越工程师教育培养机制。本书重点研究了卓越人才应该重点修炼的广义技术观和科技创新方法论，提出了具体的修炼法则和方法，对于综合性卓越人才的高素质、创造力的培养以及成长成才规律也有深入讨论。采用典型案例启蒙和示范的方法，内容广泛而又简洁，方便理解又易于操作。

卓越工程师是能够炼成的，这是作者写作本书的初心和信心，也是本书研究的焦点和结晶。本书适合用作卓越人才教育培养和自主修炼的参考书，对分析仪器行业更适用。读者可包括高等院校的本科学生、硕士研究生、博士研究生，高职院校学生，科技一线的青年工程师，以及其他热心关注卓越人才教育的人士。

图书在版编目（CIP）数据

卓越工程师是能够炼成的/梅青平，金义忠著．—北京：化学工业出版社，2022.7（2023.8重印）

ISBN 978-7-122-41274-4

Ⅰ.①卓…　Ⅱ.①梅…②金…　Ⅲ.①工程师-人才培养-研究-中国　Ⅳ.①T-29

中国版本图书馆CIP数据核字（2022）第067957号

责任编辑：傅聪智　高璎卉　　　　装帧设计：张　辉
责任校对：刘曦阳

出版发行：化学工业出版社（北京市东城区青年湖南街13号　邮政编码100011）
印　　装：北京科印技术咨询服务有限公司数码印刷分部
710mm×1000mm　1/16　印张9¾　字数150千字　2023年8月北京第1版第3次印刷

购书咨询：010-64518888　　　　售后服务：010-64518899
网　　址：http://www.cip.com.cn
凡购买本书，如有缺损质量问题，本社销售中心负责调换。

定　　价：58.00元

序

在教育部推行的“卓越工程师教育培养计划”收官之后，站位发展经济和科技前沿的工程界，再认真探讨卓越工程师教育培养命题的内涵，具有重要的现实意义。《卓越工程师是能够炼成的》的出版，正是这种探索研究的可喜成果。

依据“中国制造2025”行动纲领，强化国家战略科技力量，实现中华民族的伟大复兴，卓越工程师和卓越工匠的教育培养绝不能缺少行业企业的大工程时代背景。高校毕业的卓越工程师后备人才，无论是群体或是个人，必须长期深入工程实践，以自主修炼和自我发展的在职学习方式，作为学历教育的延续与拓展，适应现代化企业对高水平工程技术人才迫切的现实需要。

《卓越工程师是能够炼成的》一书结构新颖，主题鲜明，有利于引导有卓越工程师梦想的读者，认真思考如何走好自己的卓越工程师成才之路。该书诠释了卓越工程师的技术观，有“广义技术观”的多元解读，“卓越工程师的高素质”诠释了卓越工程师深厚的人文内涵，特别强调工程素质中的高端创造力，这是卓越工程师的重要标志。

王大珩院士等著名科学家提出了“自主创新，方法先行。创新方法是自主创新的根本之源”这一重要观点。创新方法论是该书内容的重点，除集中介绍创新方法论之外，还详细陈述了“综合补偿法”的诸多成功应用范例，详细介绍“发明问题解决理论TRIZ（萃智）”，使得“任何工程师的成功，一定是方法论的成功”的观念更具有说服力。

卓越工程师不同于现实意义的工程师，卓越工程师具有突破期、超越期的技术生命S曲线，极具个体特征的技术创新体系，更加个性化和更加社会化，可更早实现创新方法论的转变、更自主地追求全面发展等。

卓越工程师的自主修炼，应遵循科技运行的逻辑规律，该书讨论了卓越工程师成才的简捷路径，提出了“卓越工程师修炼的28条法则”。年轻工程师应具有务实、专业、长期、勤奋、刻苦的觉悟，并有理由相信：“卓越工程师是能够炼成的”。

该书语言简洁，好读易懂，方便适用。加之钱学森、朱良漪、王泽山、施一公等大师的教诲，希望该书能够为追求卓越工程师梦想的年轻工程师提供有益的帮助。

黄步余

2022年5月

前 言

在科学技术突飞猛进、国力竞争日趋激烈的国际环境下，贯彻建设创新型国家的发展战略、强化国家战略科技力量、实现中华民族的伟大复兴使创新成为时代进步和发展的主题。科技创新离不开人才，只有在庞大的科技创新人才队伍基础上，才能造就世界一流科学家和科技领军人才。已实施10余年的“卓越工程师教育培养计划”，正是为了更好地完成这一历史使命而制订。

我在重庆大学攻读博士学位期间，参加了重庆科技学院在线分析技术团队的科研项目，有幸结识了在线分析工程技术领域资深专家金义忠高级工程师，并与他在在线分析技术工程教育上，长期保持着广泛深入的交流。

在线分析技术团队在完成科学研究项目过程中，始终保持高度开放，实行深度的校企合作。在金老师的指导下，我带领实习小组去北京雪迪龙科技股份有限公司、西克麦哈克（北京）仪器有限公司、北分麦哈克分析仪器有限公司、成都倍诚分析技术有限公司等多家高新技术企业，进行了长时间的工程技术实习，除专业技术之外，最大的收获是亲自见证了诸多卓越工程师非凡的创造力和突出贡献。他们的成才及奋斗经历令人感动。同时，也充分了解和认识到国家重点工程导向对企业创新的重要性。实习小组还去页岩气、天然气、钢铁、水泥等行业的多家企业，深入工程、生产现场学习和调查，由于企业面临着巨大挑战和现实需要，这些生产一线企业对卓越人才的需求也十分迫切。

在我结识和交往过的卓越人才中，金老师算是卓越工程师的一个典型。他一生从事在线分析工程技术的研究和工程应用，长达50年之久，有“中国过程分析工程技术的倡导者和带头人”的评价，获国务院政府特殊津贴，曾出版专著《在线分析技术工程教育》。

我在和金老师的频繁交往和互动中，详细了解了他丰富的技术经历，倾听他独特的技术见解。特别是他对创新方法论的深刻诠释，令我深受启迪和感动，受益匪浅。他这样既具有独特技术观和方法论，又有突出创造力和业绩的资深技术专家，不是很适合当作卓越工程师样本看待和研究吗？恰逢重庆科技学院获批全国卓越工程师教育培养计划第二批试点单位，“如何培养卓越工程师”成为师生们讨论的热点话题。从此，我对“卓越工程师教育培养”命题产生了浓厚的兴趣，一直特别关注，萌发了撰写《卓越工程师是能够炼成的》一书的明确想法，这一想法得到金老师的鼓励和大力支持。在我的建议和邀请下，金老师很快答应参与本书的写作，克服八十岁高龄的困难，重点完成了“高效科技论文写作的秘诀”“《发明是这样诞生的》深度阅读”和“分析仪器技术简史和应用型基础理论”的撰写。金老师的悉心指导和深度参与，对本书的写作和顺利出版，起到了非常关键的作用。

科技创新（特别是技术创新）活动的主体是企业，科技人才是科技创新活动的主力，而卓越工程师必定是科技进步和科技创新活动的主将，这使得卓越工程师培养迎来一个最佳战略机遇期。教育部推行的“卓越工程师教育培养计划”已实施10余年，应该有更高质量的进行时，全国有数百万卓越工程师后备人才走出校门，包括应用型卓越工程师后备人才的学士、设计型卓越工程师后备人才的硕士、研究型卓越工程师后备人才的博士。要成为现实意义的卓越工程师，他们一定需要再经历逐渐适应、长期实践、艰苦奋斗的漫长过程。其中，工程素质、工程能力、创造力等要真正达到令人放心的卓越工程师水平，是很现实的巨大挑战。

《卓越工程师是能够炼成的》将有助于消除这种普遍的畏难情绪，增强实现卓越工程师人生梦想的信心。本书是对卓越工程师教育培养命题整体性多维度的探索，是对卓越工程师本质的一次认真的研究。以启蒙和示范性的诸多实例，指出一条卓越工程师成才清晰的便捷路径，提出一套容易自主操作的修炼方法。本书特别强调重要的三点：一是坚定的技术观，人文素质自在其中；二是科技创新方法论；三是工程素质和工程能力，特别是创造力的快速提升，这才是核心。以上是本书的主要特色，可以更简单地认为，这是一本卓越工程师修炼方法论，书中每篇文章相对独立，却又贯穿着人文主义的隐约伏线。

将本书推荐给年轻的读者朋友们，诚愿本书能够助卓越工程师修炼者一臂之力。已经身处生产一线、工程一线、科研一线的年轻工程师们，从自身工作经历中不断积累丰富的技术信息，不断交流和加工这些信息，让自己成为一个信息“整合者”、技术创新的实践者。他们都应该高度关注对自己人生的投资，一生的全面发展才是最正确的人生取向，去创造出人生价值并奉献给社会。认真坚持修炼成为卓越工程师，就是其中一种“长期主义”性质的投资，把自己的知识和智慧、时间和精力、追求和信仰全部都投入到能够长期产生价值的事业上，尽力尽早学会最有效率的思维方式、行为标准和创新方法。所谓“长期主义”，就是甘愿十年磨一剑，甚至干一事、终其一生也无怨无悔。愿意拿生命干技术，勤于创新，就没有不成功之理。

卓越工程师已经是一种真实而深刻的重要存在，他们是创造奇迹、书写传奇的高手，值得信任和尊重，也值得青年才俊们致力追求，本书试图为年轻人开启一扇扩大视野的窗。

本书由我和金义忠教授合作撰写，由上辑“卓越工程师的人文精神”、中辑“卓越工程师的自主修炼”和下辑“卓越工程师是能够炼成的”组成，共有15篇文章。读者可包括高校本科生、硕士研究生、博士研究生，高职院校学生，科研一线的年轻工程师，以及其他关注卓越工程师教育培养的人士，愿本书能使其有所启发和收获。本书作为卓越人才教育和自主修炼的参考书，对分析仪器专业更适用。

由于作者水平有限，书中不足之处在所难免，敬请读者批评指正，诚挚感谢。

梅青平

2022年5月

目　录

题　记

有一种智慧叫学习，
有一种聪明叫修炼，
有一种水平叫突破，
有一种追求叫卓越。

卓越工程师的培养是一个智力程序，
复杂而又极其完备。
卓越工程师的培养是一个智慧系统，
敏锐而又协调进化。
卓越工程师的培养是一个创新体系，
开放而又卓有成效。

卓越工程师
是能够炼成的

上辑
卓越工程师的人文精神

创新思维

科技与人文的交叉是最重要的学科交叉。

文化之于科技具有不可或缺的重要意义。

欲精技术必先悟科学精神。

卓越工程师的启蒙

引 言

高等院校是培养卓越工程师和技术专家的摇篮，但是高校毕业生毕竟还不是现实意义的卓越工程师，或许有极个别的例外，他们大多数都只是卓越工程师的后备人才。概括地说，卓越工程师也是工程师，工科的本科学士层次培养目标是应用型创新工程师，硕士层次培养目标是设计研发型创新工程师，博士层次培养目标是研究型创新工程师。

卓越工程师的教育培养、修炼、发展和成才是十分漫长而艰难的过程，如若溯源初心、初梦的原始起点，并非只能是在高等教育阶段，即使是入职多年之后也有可能。本文仅以卓越工程师所经历启蒙的人生节点予以深入讨论。

1. 启蒙的要义

卓越工程师的高素质有着十分复杂的内涵和多重维度。人文素质中的哲学内涵特别重要。启蒙是一个经典的哲学概念和命题，认真讨论启蒙，就可走近哲学，有利于激发潜力，增进智慧，进而走出蒙昧状态。

2011 年 4 月 1 日，中国国家博物馆推出首个国际交流大展《启蒙的艺术》，并有国家博物馆特刊抽印本《启蒙的艺术》发售，同时还举行了“启蒙之对话系列论坛”。[1]《启蒙的艺术》展出了德国三大博物馆珍藏的油画、版画、雕塑、图书及其他各门类艺术珍品580件，堪称世界范围内《启蒙的艺术》的最大展览，内容涵盖欧洲18世纪启蒙运动的背景、历史、伟大成就及深远影响。“启蒙”并不单单指向艺术，而是启蒙之光照亮了18世纪欧洲的艺术、哲学和科学等各个领域。启蒙运动是思考全球化的第一个时期。展览引导人们认真思考启蒙的含义、定义以及特性，从而进一步思考启蒙的现实意义。

启蒙运动是继文艺复兴运动之后又一次思想解放运动，与科学技术和工业化一起将欧洲带入现代化的进程。对整个人类历史发展产生了巨大影响。德国古典哲学创始人、著名哲学家伊曼努尔·康德在1783年将启蒙的实质定义为“理智获得的解放”，提出“要有勇气运用你自己的理智”。启蒙思想就是要促进人本身的思维，而且要促使每个人对已有的惯性思维进行批判。理性奠定了个人自由的基础。康德还进一步说：“启蒙是人们脱离了自己所加之于自己的不成熟状态，不成熟状态指不经别人引导，就对运用自己的理智无能为力。”由此可见，启蒙对于个人也具有极其重要的教导意义。

科学最基本的精神之一就是批判。可以认为，启蒙精神就是批判精神，包括自省和对已有思维惯性的批判。

我国著名语言学家周有光是中国汉语拼音之父，沈从文称他为“周百科”。2010年1月21日，他以95岁高龄接受采访，说他一生的关键词是“启蒙、常识、救国”。他与科学家爱因斯坦有过两次交谈，得到绵久悠长的教益。周有光认为，17～18世纪之间，启蒙运动是欧洲最重要的事件。周有光念兹在兹的始终是启蒙的要义、延展和结果。这次采访发生在《启蒙的艺术》开展之前一年，足见“启蒙”一词对于他来说，真的具有启迪心智的历史性深远影响。

再优秀的学生，都需要好导师，研究生和导师的最佳关系，应该是学生和导师和谐互动。真正的好导师不光是自身学富五车，而且必定是对学生启蒙的集大成者，才能启迪、引导学生最终成为他们独立奋进的自己：远离愚昧、更加理性自信，严谨、智慧，脱离不成熟状态，能够充分运用好自己的理智、知识和能力，实现更加开放、自由、持久的全面发展，既能好好做人，又能好好做事。这样便是完美诠释了启蒙的意义。

2. 始于启蒙的陆朝阳传奇

陆朝阳，1982 年 12 月生于浙江省东阳市的农村。1998 年，他 16 岁，刚上重点实验中学东阳中学高中一年级。被称为“中国量子力学之父”的潘建伟，当时是中国科学技术大学（简称中科大）量子态隐形传送研究项目组的负责人、中国科学院量子科学实验室卫星先导首席科学家。1998 年潘建伟回到母校东阳中学做了光量子（也称光子，是电磁辐射的最小单位）方面的科普报告。这样全新神秘的微观世界，陆朝阳未必能全听懂。但是，陆朝阳听完报告后，顿时被神秘诡谲的量子世界所吸引，下决心以此作为自己今后的发展方向。这就是潘院士的一个科普报告成功完成的一次“启蒙”，其后书写出惊世传奇。

陆朝阳从中科大本科毕业后，直接被保送到国家量子物理和量子信息实验室，成为潘建伟教授的得意弟子。在这个实验室里，24 岁的陆朝阳成功制备和操纵了六光子纠缠态，四次刷新光子纠缠的世界纪录，获欧洲物理学会菲涅尔奖。获此奖的第一人正是他的导师潘建伟，可谓名师出高徒。

陆朝阳去英国剑桥大学留学读博深造后，毅然回国。28 岁的他，成为中科大最年轻的教授。

陆朝阳带领科研团队，实现了八光子纠缠，刷新了所有物理体系中纠缠态制备的世界纪录。成功研制出世界上首台“超越级”光量子计算机，今后的光量子计算机将远远超过超级计算机。他们从事的量子信息技术在欧洲被称为“第二次量子革命”。此后，陆朝阳教授成为光学领域的又一大“传奇”，获美国光学学会的 2020 年度阿道夫隆奖章，2021 年度罗夫·兰道尔和查尔斯·本内特量子计算奖。一向谦逊低调的陆朝阳说：“做学问需要顶天立地，这个时代需要仰望星空的年轻人。”

又例如，2016 年是重庆市江津中学的 110 周年校庆，高 57 级老校友、航天飞船控制专家陈祖贵先生第二次回母校，作《翩翩神舟我领航》的科普报告。陈祖贵是神舟飞船制导、导航与控制系统主任设计师，神舟飞船飞行测控组副组长，航天英雄杨利伟的老师。台下听讲的中学生得到了生动的启蒙，或许将来某一位学生也会成为航天事业的卓越工程师或航天英雄。

启蒙，特别是大师级别的启蒙，尤为神奇，尤为难得。有时偶遇，有时需要主动争取。有启蒙之光照亮前行的路，至少不会迷茫，醍醐灌顶般豁然醒悟也是可能的，这是书写人生传奇的最佳起点。

3. 一句话的极简启蒙

本书作者之一的金义忠老师讲述过他的启蒙故事。1961 年高考前，有次课间十分钟休息，他在教学楼走廊的读报栏看到中国青年报上的一句话：祖国建设需要工程师。他在“谈毕业后理想”的主题班会上，真诚地讲出自己的理想是当工程师，因为“祖国建设需要工程师”。班主任对他的理想虽没有批评，却也没有肯定。那个时代提倡当普通劳动者，大多数同学都不赞同，有位同学站起来，发表不同看法：“工程师也要是普通劳动者。”就这样，刚萌芽的理想，就承受了不被认可的压力。但“成为工程师”这个想法却在金老师心里生了根、发了芽。

高考选填志愿时，觉得“精密”一词很神秘，金老师就报考了天津大学精密仪器工程系。1968 年分配到三线建设筹建中的四川分析仪器厂工作，一辈子从事在线分析仪器系统工程技术的研究与开发工作，获国务院颁发的政府特殊津贴，参与行业技术交流活动直至 2017 年，真正实现了当工程师的初梦。

4. 大师驱动的启蒙

我国分析仪器行业的老前辈朱良漪教授，是行业绝对的权威，堪称大师、领军主帅。2007 年朱良漪教授打电话给已退休八年的金义忠老师，征召他以论文“过程分析仪器样气处理系统技术的应用及发展”，出席在北京召开的“第二届在线分析仪器应用及发展国际论坛”。还委托胡满江教授重点布置落实：“一定要撰写我国自己的在线分析工程技术方面的主流专著。”会间多次召集朱卫东、金义忠等资深工程师协商讨论，都觉得难度太大，技术水平根本不够，简直是在强令退休工程师去“挑战不可能”。但是在朱良漪教授的强令面前，谁都不敢说出拒绝的话。两个月之后，朱良漪教授因病不幸逝世，撰写专著的任务被搁置，好似被放弃了。

不过，朱良漪教授启蒙的梦想却在老工程师们的心中深深扎根，并极其顽强地生长着。七年后的2014年，以朱卫东为主要编写者的专著《在线分析系统工程技术》，由化学工业出版社出版。九年后的2016年，金义忠撰写的专著《在线分析技术工程教育》由科学出版社出版，均未超过十年时间的周期，说明工作压力是完成艰难科技任务最强劲的推动力，“十年磨一剑”，完全能够取得超预期的科技成果。

5. 高等教育卓越工程师启蒙的重点

青年能够接受高等教育无疑是幸运的。理工科院校毕业的学士、硕士、博士，都还只是卓越工程师的后备人才，站位未来发展成卓越工程师的目标，他们在校学习期间应该实现的启蒙，择重讨论如下：

① 最重要的启蒙必定是专业化。基础理论要深厚扎实，专业化目标要强化和固化。

② 创新方法论的启蒙。初步学习，会用典型的创新方法，为将来的成功打下创新方法论的基础。因为，任何工程师的成功，一定是方法论的成功。

③ 研究方法的启蒙。接受高等教育，主要是学习研究方法。倘若要真正实施高难度的科学研究项目，时间显然不够，人员、设备、技术等条件也都难以完全具备。

④ 工程化的启蒙。专业化的真正目的在于未来的工程化。校企合作下的工程实习、工程实践尤为重要，时间越长越好。

⑤ 社会化的启蒙。为适应全球化环境的演变，必须始终保持开放，不断调整与优化自己的专业技术结构及行为，这就是“社会化”命题，可理解为对社会需求的适应性。例如，能准确发表意见，善于交流，参加国际会议等，要有“社会化很重要”的参与意识。

学生急需的启蒙，肯定着眼于有利于未来的全面发展。学校的教学、教师、教材、教法，若都能够有很强的针对性，培养卓越工程师人才的目标就更容易如期实现。

6. 卓越工程师工程化的实现

没有工程化就很难有卓越工程师。所以，工程化是卓越工程师成长、发展、最终成才的必由之路。

企业先进的、不断更新换代的生产设备和制造技术、制造工艺，工程实践经验丰富的工程技术人员队伍，工程实践和创新平台、创新项目及环境等，都是卓越工程师成才所需的外部条件，高校难以完全具备。所以，高校的工程化启蒙只能是初步的。

学生从高校毕业后所从事的工作和所学专业或多或少会有一些距离。在企业的经营环境、生产环境、科研环境、工程环境中，才可能真正完成以专业化为前提的工程化启蒙。

所谓工程化，就是从国家、社会经济发展和科技进步的需求出发，在工程层面正面回应国家、行业、企业所面临的巨大挑战和现实需要，这才是卓越工程师的成才之路、用武之地。在艰难的研发、生产、经营、工程应用、工程建设中，坚持长期深入实践，持续积淀，顽强修炼，若干年后才有可能真正实现工程化，继而修炼成卓越工程师。

结 束 语

① 哲学概念的启蒙，虽然显得初级，却特别重要。因为，人内心的觉醒是人走向发展和成功的第一步，正符合“初心”“初梦”的内涵。哲学是创造思维最佳的起点。

② 卓越工程师的启蒙，是一个宽泛的概念，时间、空间上都不一定要有固定的特指，人与人也很不一样，应该主要发生在高等教育阶段，但是发生在中学阶段甚至入职多年以后，也是有可能的。

③ 启蒙可能来自教师、师父、导师、领导或家长，但也可能来自阅读的某本专著、经历的某个事件、承担的某项技术工作，甚至是某位大师极简单的一句话。

④ 深刻理解“启蒙”还需注意三点：

一是促使个人对已有惯性思维的批判，这需要他人的批评、指教和引导加之个体的自省和修炼，这就是加速人才成长的“人才催化成熟”新概念。

二是由不成熟状态走向成熟状态，这是个人成长必须经历的人生磨砺过程。

三是加强对理智的认识：理智可简单理解为技术的规律意识和技术的理性精神。

⑤ 卓越工程师的成才不可能靠启蒙单独完成，但是，启蒙能助力卓越工程师的发展和成才，在最早的时间养成追求卓越的态度，为走向卓越工程师之路的年轻人点亮一盏指路的心灯。启蒙因此而如此重要，不可或缺。

⑥ 本书没有凭空编故事，而是诚恳追寻有时间、地点、人物、事件的真实踪迹，以案例诠释卓越工程师是怎样通过生产、研发、工程实践，同外部客观世界不断交换信息，从而获得思维和技术的滋养。这将会给年轻读者以有益的启蒙、引导和示范。

参考文献

[1] 启蒙的艺术 [J]. 中国国家博物馆馆刊，2011 (4)：10-34.

卓越工程师的关键词

技术观　方法论　理工科思维　社会化

技术系统　创新体系　卓越工程师

引　言

科学技术之于文化有不可或缺的重要意义，文化之于科学技术也是至关重要。

在关注科学技术发展的同时，更要特别关注卓越工程师成长的社会文化因素和哲学内涵。年轻工程师认真解读本文的关键词，有其必要性和重要启示意义，既关乎技术观，也关乎方法论；既是科技的，也是人文的。体现了科技与人文的学科交叉。

1. 技术观

世界观是人们对世界的总体看法和根本观点。

在社会中生活、工作的所有具有社会属性的人，都有自己的世界观。

在科技领域起主导作用的世界观就是科学技术观，对工程师来说，可称为技术观。技术观是关于技术的本质和运行、发展规律及其与社会关系的理论体系。技术观分析技术的本质、属性与体系结构；同时探讨技术运行发展的一般规律以及这种发展影响社会系统的机制与途径。

技术是科学的应用，是为满足社会需要，利用自然、科学规律在实践活动中创造的各种活动方式、劳动工具及手段、工艺方法及流程与体系的总和。技术具有双重属性，即自然属性和社会属性。所以，技术离不开技术观。

技术观在新世纪已经产生了巨大的变化，适用于所有专业技术领域相对统一的技术观可定义为广义技术观。本书“泛论广义技术观”一文列有技术的整体观、技术的社会观、技术的哲学观、技术的经营（生产）观、技术的艺术观、技术的人才观、技术的成就观、技术的经验观、技术的创造观等九项，充分显示出技术的复杂社会属性。

原中国四联仪器仪表集团总工程师王永健先生曾教诲年轻工程师：“工程师如果没有正确的技术观指导实践，就很难使工厂健康发展，对一个人来说，就可能是个软骨病患者。”技术观是工程师的脊梁和灵魂，技术观是能够左右科技创新活动的一种巨大的精神力量。

2. 方法论

方法论是人们认识世界、改造世界的根本方法。技术观主要解决的是“做什么”，方法论主要解决的是“怎么做”的问题。

方法论是一种以解决问题为目标的体系和系统。方法论会对一系列具体的方法进行分析研究，系统总结并最终提出较为一般性的原则，普遍适用于各专业领域（包括社会科学），是能起主导作用的范畴、原则、理论方法和手段的总和。

人们关于世界是什么、怎么样的根本观点是世界观，用这种观点去指导认识世界和改造世界，就成了方法论。

方法论也是一种哲学概念。马克思说过：“科学就是方法论。”著名经济学家吴敬链的老师顾准说：“方法论就是哲学。”施一公院士认为，高校优秀学生应该具备的素质是时间的取舍和方法论的转变。

法国哲学家勒内·笛卡尔所著《方法论》，提出如下普遍性方法：

① 普遍怀疑（怀疑和批判都是科学精神）；

② 把复杂的东西化作简单的东西；

③ 用综合方法从简单的东西得到复杂的东西；

④ 累计越全面、复查越周到越好，以确认什么都没有遗漏。

方法论最核心的应该是科技创新方法论。王大珩等著名科学家提出“创新方法是自主创新的根本之源”。由长期技术实践可以感悟和总结出：任何工程师的成功，一定是方法论的成功。

据统计，全世界的科技创新方法有300多种。笔者很关注方法论，更关注科技创新方法论，本书列出最被看重和应该熟练应用的八种科技创新方法：

① 发明问题解决理论TRIZ（萃智）；

② 从定性到定量综合集成法；

③ 系统集成法；

④ 多目标整体优化设计法；

⑤ 联想类比法；

⑥ 组合创新法；

⑦ 最简化法则；

⑧ 综合补偿法。

技术观和方法论常相提并论，如果说技术观最终长成了工程师的脊梁，那么方法论最终成了工程师强健的肌肉。技术观使工程师理性、严谨、有责任感；方法论则使工程师更聪明能干，有极致执行力。

3. 理工科思维

钱学森院士对思维科学进行了长期深入的研究，撰有《关于思维科学》的研究报告。他将科学诠释成包括自然科学、社会科学、数学科学、系统科学、人体科学和思维科学等六大类的科学分类体系，还将思维分类成抽象（逻辑思维，或称程序思维）、形象（直觉思维，或称直观思维）、灵感（顿悟）思维等三种。杨振宁院士在中国科学院五十周年庆典上作了题为《提倡思维》的报告，可见思维科学是工程师应该特别重视的命题。

在理工科领域讨论和研究的思维科学可称为“理工科思维”，本质上也属于创造性思维，通常强调思维的逻辑严密性，严谨、深入、线性是理工科思维的特点之一。也正是严谨和追求精益求精才成就了“工匠精神”。

理科思维强调事物运动的规律是什么。根据大量的客观事实得出或产生一个概念、一个假说、一个方案、一个决策、一个定律、一个理论，然后用进一步的试验和实践的结果来支持它。

工科思维更强调怎么做和具体实施和操作的办法是什么。

理科和工科之间并无严格意义的鸿沟，它们都关心解决方案。具有理工科思维的人注重实干，强化理工科思维，才增大了工程师技术成功的概率。

工程师一定要强化理工科思维，科技的理性精神才可能在工程师身上深植根基。工程师要培养终生的自由思考力和理性分析能力，要有足够的国际视野，要真正从技术的本质出发，对技术专注而专业，要容易接受和深入参与工程导向下的生产活动和工程活动。具备以上素质的工程师在技术上的成功就更具有必然性，有更高的概率成长为卓越工程师。

4. 社会化

社会化是一个规范的社会学概念，不是市井中的那种社会化。

技术是工程师生存和发展的主要根据，从技术角度理解的社会化则是工程师生存和发展所必需的技术生态环境及社会因素，不可失察。

人因为有社会属性，所以需要社会化。左右人性和技术的往往是强大的社会性。社会化是个体对社会的认识、接受和适应，它是通过个体与社会环境相互作用而实现的，并且是一个逐渐内化的过程，将可能持续一生。

工程师的社会化较少有强制性因素（职称评审是例外），更多的是自己的主动选择、参与和能动性适应，容易被一些人忽视和轻视。工程师的社会化进程中，除所处的社会技术基础之外，长期深入的实践活动也特别关键。工程师首先要明确自己的技术角色定位，且角色是会改变的；工程师还要明确自己可以深入交流的技术群体定位，这个群体定位也是动态变化的。有这样清醒认识的工程师，在完成自己本职技术工作的同时，还能不断学习新的技能和创新方法，不断充实、完善自己的综合性能力系统，则他的社会化程度将逐渐提高，有利于其今后技术工作的成功。高度理性、社会化的工程师绝不会输在“起跑”之后。

任何人都需要社会化，人之所以犯错和失败，大多和不能适应社会有关。在当今创新驱动的技术经济环境中，工程师的社会化显得更加迫切。通过社会化，争取更早更多被批评指教的机会，争取更多横向、纵向交流的机会，获得有效技术资源配置和低成本利用信息的机会。只有清醒认识到卓越工程师社会化的主体性，才能达到自主学习、自主修炼、自主发展、自我实现的目的，走出自我束缚的蒙昧状态，不至于长期陷入自己的方式而不自知和无法自拔。工程师具备良好的社会化和开放性人格，才有可能利用好技术系统的开放性，使其技术创新活动有所建树。

本书讨论的社会化，是具有国际视野的社会化。

5. 技术系统

5.1 技术系统的定义

苏联发明大师根里奇·阿奇舒勒，在其《发明问题解决理论》中，给技术系统下的定义是：一个产品或物体都可看作是技术系统，技术系统可简称为系统。系统是由多个子系统组成并通过系统间的相互作用来实现一定功能。[1] 技术系统也可以更简洁地理解为："每个可实现某种功能的事物都是技术系统，每个产品都是技术系统的复合体。"由此可见，技术系统（即系统）并不局限于工程领域传统经典意义上的技术系统，实际上它有广义的内涵，在其他领域中也有其应用的可能性和合理性。

我国分析仪器行业的奠基人和开拓者朱良漪教授曾任原国家仪器仪表工业总局的副局长和总工程师。他很早就给系统下过定义："系统是指由若干相关联又相互影响的单元组成的一个有机'整体'。这个"整体"又能集中地来实现某些作用。"[2]

本书探讨的技术系统既是理论也是方法，还是得心应手的工具。系统这个概念对于卓越工程师来说是核心问题。

5.2 钱学森院士的系统学理论

钱学森院士的《工程控制论》[3]，其理论核心本质由他自己概括为："一个系统的不同部分之间相互作用的定性性质，以及由此决定的整个系统总体的运行状态。"[4] 钱学森院士还特别强调："要用系统学理论处理好技术系统局部和整体的关系。"在《工程控制论》的序中，钱学森院士这样定义了系统："所谓系统，是由相互制约的各个部分组织成的具有一定功能的整体，为了实现系统的功能和稳定。"

钱学森院士的另一部著作《创建系统学》[5] 也对系统学作出了如下精辟概括："系统学就是系统科学的基础理论，系统学最基本的要领就是系统。""系统学是研究系统结构与功能（系统的演化、协同与控制）一般规律的科学。”其规律，一是系统的多个层级的层级结构，二是系统的属性，即功能与特性，主要有连续性、开放性、复杂性、综合性、可测性、可控性等。钱学森院士还认为：“整体就是一个系统，而系统一定有清晰的层次和部门性的分系统。”

技术的本质之一就是技术系统（简称系统），对于技术和科技创新，具有重要意义，是科技创新中最可靠的技术结构支撑。

5.3 系统学的跨专业理论属性

系统学理论对理工科的任何专业都适用，而且特别重要、有效。要深刻理解系统学的跨专业理论属性。只有认识到系统学兼有理论性和工具性，才会自觉地接受它，在技术实践中应用它，进而加快自己的成熟，并提高自己专业技术的成熟度。

本书的探索研究将会表明：卓越工程师的培养可以看作是一个极具开放性的技术系统、智慧系统、创新体系和完备的智力程序。

本书十分强调以技术系统为标志的系统学理论作为科技创新方法论的重要意义。

6. 创新体系

创新体系是融合创新主体、创新环境和创新机制于一体，促进社会创新资源的优化配置和合理利用，把握创新机遇和战略窗口期最主要、最有力的措施。

企业是技术创新的主体，工程师是技术创新的当之无愧的主力，卓越工程师就更应该有发展自己的自我设计。最好的自我设计就是构建个体概念的技术创新体系，以保障持久、高强度科技创新的顺利实施，真正体现以人为本。

所有的创新活动都在创新平台上有序有为地进行，所有的技术创新都是建立新秩序的结果，整个创新过程都要高度关注社会因素的作用，即良好的技术生态系统。

创新体系也可以看作是特殊的技术系统，包括创新技能和创新实践，同样具有开放性的明显特征。创新体系是创造力最高强度的体现，是一个整体联系的过程。工程师的创新发展主要靠内因，同时也要最大程度地利用好外因，创新体系的最大价值就在于充分发挥技术系统的整体性综合优势。卓越工程师的创新体系如图1所示。

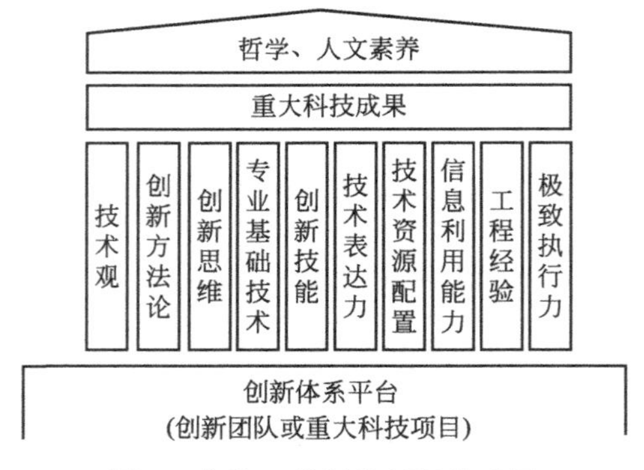

图1　卓越工程师的创新体系图

7. 卓越工程师的定义

7.1 “卓越工程师教育培养计划”

2010年教育部推行“卓越工程师教育培养计划”，其使命宗旨是建设创新型国家，践行人才强国战略。实施层次是工程类本科生、硕士研究生、博士研究生。拟用10年（2010—2020年）时间培养创新能力强、适应社会发展需要的各类专业技术人才。采取以强化学生的工程能力和创新能力为重点的人才培养模式。

7.2 卓越工程师辨析

贯彻实施“卓越工程师教育培养计划”，卓越工程师的定义不容回避。天津大学原校长龚克在该计划的天津启动会上说：“高等工程教育是为造就卓越工程师打好基础。卓越工程师之所以卓越，并不仅仅在于其专业知识更丰富，也不仅仅在于其解决问题的能力更强，而主要在于其综合素质更高，所谓卓越就是素质高。”上海交通大学的卓越工程师培养目标则很高：“培养未来企业界的领军人物和未来工程领域的设计大师。”

由上可见，各方对卓越工程师的定义并不统一。这个宏伟计划2020年到期，培养了百余万工程类本科生、研究生、博士生，肯定是真实的成就，要说培养了百余万卓越工程师，就值得商榷了。

7.3 卓越工程师的另类定义

至今查不到卓越工程师学术化的权威定义，笔者只好冒昧尝试给卓越工程师下一个另类的定义，否则，本书根本无法展开深入的探索和讨论。

所谓卓越，就是非常优秀，超出一般。由此可见，在工程师群体中，卓越工程师肯定是少数派。

具有“创造力”这种高端能力的工程师，挺立在某细分专业领域的前沿，甚至是技术制高点。在解决挑战性、复杂性科技课题中，起到核心和关键作用，能够实现核心技术的突破和领先的工程师，堪称卓越工程师。

结束语

耐心阅读本书将会发现：卓越工程师是本书的第一关键词，而以技术系统为标志的系统学理论，则是本书强调的首要方法论。

参考文献

[1] 杨清亮．发明是这样诞生的：TRIZ 理论全接触［M］．北京：机械工业出版社，2006：11-14.

[2] 朱良漪．必须积极开展系统工程的研究［M］//朱良漪文集．北京：化学工业出版社，2013：45-57.

[3] 钱学森．工程控制论［M］．2 版．上海：上海交通大学出版社，2007.

[4] 徐义亨．钱学森和工程控制论［M］//飞鸿踏雪泥：中国仪表和自动化产业发展60年史料（第二辑）．北京：化学工业出版社，2014：2-5.

[5] 钱学森．创建系统学［M］．太原：山西科学技术出版社，2001.

卓越工程师的高素质

引　言

如前所述，2010 年在教育部推行的“卓越工程师教育培养计划”天津启动会上，天津大学龚克校长认为卓越工程师之所以卓越，主要在于其综合素质更高。这就把卓越工程师综合性高素质命题展现在教育界面前，也提醒想成为卓越工程师的后备人才，必须认真培养、修炼，构建自己的高素质。“高素质”看似平常，实质却内涵丰富、意义高远。本文单就卓越工程师的“高素质”命题，予以深入分析和诠释。

1. 卓越工程师高素质的核心

确立和锁定卓越工程师这一明确目标，无论高校在读学生，已毕业的学士、硕士、博士，还是入职多年已经接近卓越的工程师们，高素质都应该体现多元素质和多元价值，其核心是有健全人格。就是能够坚持实践观点、生产观点和工程观点，具有自主学习能力、自主修炼能力、自主发展能力、自我实现能力，就是要认真促进个人的全面发展，最终实现卓越工程师的初梦。

2. 卓越工程师的人文素质

广泛意义上的卓越工程师的人文素质首先指的是公民素质，包括思想道德、心理素质、行为规范、人格、气质，也包括历史、文化、文学、史学、艺术、哲学等方面的素养。因为卓越工程师后备人才未来的发展具有无限多种可能。例如，文学素养可能就是将来良好著述能力的基础和前提。

人文素质的朴素表现，是勤奋敬业，敢于担负责任；不计较得失，甘愿做好最困难的事，无怨无悔；对所从事的科研工作有十年磨一剑的勇气。

人文素质使工程师的全面发展具有更大潜力，进展速度快，后劲充足持久。多才多艺，处事随和优雅会受到更普遍的欢迎，有助于卓越工程师目标的实现。

3. 卓越工程师的工匠精神

卓越工程师要有精益求精的工匠精神。这是值得他们一生追求的信仰。

精益求精的工匠精神看似普通的文化元素和精神元素，却能体现特殊的洞察力和执行力。研发设计产品、科技攻关，需要明察秋毫、精雕细琢、执着坚持、完善至臻。卓越产品和精品工程虽然可以说是以卓越工匠为代表的工人群体加工、生产出来的，但更科学的准确表述，应该说是以卓越工程师为代表的科技人员精心设计、创造出来的。精益求精的设计就是在卓越工程师身上体现的精益求精的工匠精神。

4. 卓越工程师的专业素质

卓越工程师最终都要活动在某个特定专业或细分领域上，这就需要专业化。高校所学的专业，能够打下深厚坚实的理论基础，这是高等教育最高的价值，自然不可缺失。但是，入职后的补充、强化、优化，也十分重要和必要，要不断学习、持续修炼。当然入职后期改变专业领域并获得成功的，也有表现突出的个例。所以，专业素质是个动态的概念。专业素质也不仅指所学的书本知识，而主要是从事专业工作必须具备的基础性能力，必须明确和重视。

专业素质的实质就是规范的专业化，有其具体所指和具体表现，与从事科技任务的关联度很高，可看作是必要条件。

5. 卓越工程师的工程素质

卓越工程师的工程素质和所承担工程任务的关联度、紧密度最高，是卓越工程师最精准的切入口和最佳突破口，也是卓越工程师成功的充分条件。一碰上工程任务，就畏难不前的工程师自然无缘卓越工程师。卓越工程师是少数致力于工程化的人才能达到的目标、人的创造力的充分发挥有赖于工程化；卓越工程师的工程素质集中体现在工程化上。工程化是卓越工程师的最典型标志，因此有必要对工程化中表现出的工程素质加以深入分析。

（1）卓越工程师的工程导向

正面回应国家、行业、企业所面临的巨大挑战和复杂多变的现实需要，并付之以坚定的工程行动，最终成果斐然。这就是朱良漪教授大力提倡的“国家重点工程导向”。

（2）卓越工程师的工程能力

卓越工程师不但要以国家重点工程为导向，更要有承担重大科技项目、工程项目的工程能力。工程能力包括工程实践能力、工程设计能力和工程创新能力。这种工程能力若有“敢于下油锅”般的精神支撑，就能成功挑战不可能。工程能力只能在工程实践中锤炼，正如朱良漪教授所说：“‘工程（engineering）’这一概念，简言之就是‘实践’，即工程实践。”

卓越工程师将最终以工程能力证明自己。

我们可以学习和借鉴美国开展“工程教育”的成功经验。在21世纪之初，美国过程分析化学中心（Centre of Process Analytical Chemistry，CPAC）开展了科学家和工程师教育培养项目，把过程分析技术（process analytical technology，PAT）工程教育作为主要目标之一，为该领域输送了大批既懂理论知识，又懂工程技术和应用的专业人才。美国最早在2003年就大力推广PAT，取得了极大成功。深究其成功原因，就是得益于推广PAT所培养的一大批专业人才所特有的工程素质和工程能力。

优秀企业有真实的工程环境，对卓越工程师人才，特别是其工程能力的培养，具有极重要的导向和培育作用。

6. 卓越工程师的创新素质

创新是人的本质力量，创新无止境，创新无禁区。创新是卓越工程师必备的核心素质。卓越工程师凭借其自身的综合能力系统，发挥在技术创新中的执行力和技术攻关中的突破力，在解决挑战性、复杂技术难题中起到核心和关键作用，并具有揭示专业技术新的内在联系、新的技术秩序和规律的洞察力、判断力。卓越工程师应具有超前的工程实践性，他们应该是少数洞察技术真理的人。构成创造力的以上内容的集合，也就是卓越工程师的创新素质，其中的创新思维潜力巨大。

评价卓越工程师和技术专家的权威标尺，都是创造力。创造力是一种复杂的高端能力，这是卓越工程师和技术专家区别于一般工程师的显著标志。创造力的教育和修炼才是卓越工程师成才的关键因素，因为创造力是科技创新的突破力量。

创造力是卓越工程师之所以“卓越”的重要标志。

7. 卓越工程师和卓越工匠的和谐共生

卓越工程师和卓越工匠有天生的渊源，很可能在隐形冠军企业并肩相遇，也可能在产品研发及技术攻关中携手合作，在工程上是处于同一战壕里的亲密战友。

卓越工程师的主阵地在研发、设计和技术、质量攻关的最前线，他们是科技人才队伍中的主力和主将。他们的主业是科技研究和一流产品的精确设计，主导工程项目的施工等。而卓越工匠主要活跃在生产、施工第一线，完美至臻地实现卓越工程师的精确设计，包括特种、特殊工艺的完善与应用。他们之间亲密无间地合作、共同奋斗，才有品牌产品的成功、精品工程的顺利完成。

多数情况下，卓越工程师对卓越工匠有指导、帮助和提携作用，对卓越工匠技术水平的提高，有不可或缺的重要意义。总之，卓越工程师乐于助力卓越工匠，卓越工匠主动争取和参与，甚至直接加入科研团队，对于项目进展和人才成长都会显现出更好的效果。

卓越工程师与卓越工匠高频互动、和谐共生、高效合作的关系，值得鼓励、引导、强化和长久维持。

8. 卓越工程师的修炼

(1) 科技运行的逻辑规律

科技运行的逻辑规律可简洁表达如下：

科技知识（书本知识）⟶专业技术（基础能力）⟶产品技术（对接市场）⟶产业技术（产业创新）⟶（行业）学科性技术（细分行业）

(2) 卓越工程师成才的简捷路径

通过对典型卓越工程师样本奋斗经历和贡献的观察与分析，初步拟出卓越工程师成才的简捷路径如下：

专业化（工程师）⟶强制修炼（催化成熟）⟶工程化（活跃在科技前沿）⟶卓越工程师（技术专家）

其中，专业化是基础条件；自主性强制修炼是加速条件；以工程为中心的工程化是必备条件。

“强制”和“催化”都是有压力的，压力主要来自自己的责任心或是外部环境。

卓越工程师是人全面发展的重要目标，在卓越工程师后备人才技术生命S曲线上，处于突破期完成的阶段，但并不会就此止步不前。由此打开更广阔的发展空间，或可继而迎来超越期，进而收获到更丰硕的科技成果。

(3) 卓越工程师的强制修炼

卓越工程师的修炼是自觉、自主的行动，受内心觉醒和责任的驱动，很少受到领导和他人的压力。但是，实现卓越工程师目标的过程毕竟漫长而艰难，如果不加速，很有可能功败垂成，令人遗憾。所以，必须要自己指挥得动自己，自己给自己施加压力，自己强制自己。这样才会有强制修炼的催化成熟过程，这是免费对自己进行的工程教育，何乐而不为？

本书有“卓越工程师修炼的28条法则”一文，读者可根据自己的实际情况，有所选择和侧重地进行修炼，如能长期坚持下去，定有感悟、必有所获。

9. 卓越工程师的终生学习素质

学无止境，学习是一生无终点的事。科技发展日新月异，速度之快、力度之强、范围之广，均超乎常人想象。卓越工程师是先知先觉者，应该有终生学习的惯性和觉悟。

(1) 卓越工程师终身学习的阶段

高等教育阶段主要接受教育，重点是打好专业基础理论的基础并学习研究，也应该包括有明确目标和效果的自学。

入职到成长为卓越工程师（例如晋升高级工程师）阶段，主要是自学和自我强制修炼，有必要选读两三部经典或主流专著作为自己的“看家书”。此外，横向和纵向的交流互动也很重要。这期间最好的老师还是工作中的研发设计实践和工程实践，学习成果的最佳表现之一，是高水平的代表性科技论文。

卓越工程师成才之后的继续学习，属于第三阶段，有深造和向纵深发展之意，可能出现更想干成的新事情，技术生命 S 曲线或有可能出现超越期。学习成果的又一最佳表现是根据从业一生的经历和经验撰写专著。

具有终生学习的意愿和能力，才能充分激发出终生发展的潜力。

(2) 一次工程实践学习的收获

高等教育阶段的学习不只在高校课堂中，企业和工程现场也是优质课堂。2015 年读博期间，我和四个师弟去重庆凌卡分析仪器有限公司实习，学习在线分析仪器样气处理系统技术，具体题目是“涡旋样气冷凝器的原理、结构和性能测试”，由金义忠老师讲解和指导。仅为期半天的企业现场实习，就有丰富的收获。

① 学习了钱学森院士的系统学理论　钱学森院士的系统学理论有两大核心重点：一是系统的层级结构，二是系统的功能（系统的演化、协同与控制）和特性。系统学是研究系统功能和特性一般规律的科学。

② 学习了在线分析系统的应用型基础理论

在线分析系统应用型基础理论由金义忠老师在第六届在线分析仪器应用及发展国际论坛中提出。在线分析系统的层级结构至少有四层，功能和特性有二十项之多，需要进化、协调和控制。在线分析仪器是在线分析系统的核心技术，样气处理系统是在线分析系统的关键技术。

③ 学习了涡旋样气冷凝器的原理、结构和性能

LKP210 型涡旋样气冷凝器采用兰科原理[1]，以压缩空气为驱动力，对在线分析的样气进行冷凝处理，脱湿除水，本质安全，是核心样气处理部件之一，也是石油化工防爆型在线分析系统必需的关键部件。

LKP210 型涡旋样气冷凝器有三层结构：处于第三层级的涡旋器（见图 1）实际上仅是一个青铜材料的微技术系统（即微系统），最大尺寸 $\phi 12 \times 14$（毫米），3.3 克，却是冷凝器的核心，功能是使压缩空气流产生强力涡旋。涡旋管是第二层级的分系统，它使压缩空气涡旋进而产生冷、热空气流的分离，见图 2。涡旋器在涡旋管中，涡旋管和样气热交换器组成冷凝器，样气在热交换器中被冷空气流冷凝，实现冷凝、脱湿、除水的样气处理功能，这是结构的第一层级，见图 3。

图 1　涡旋器

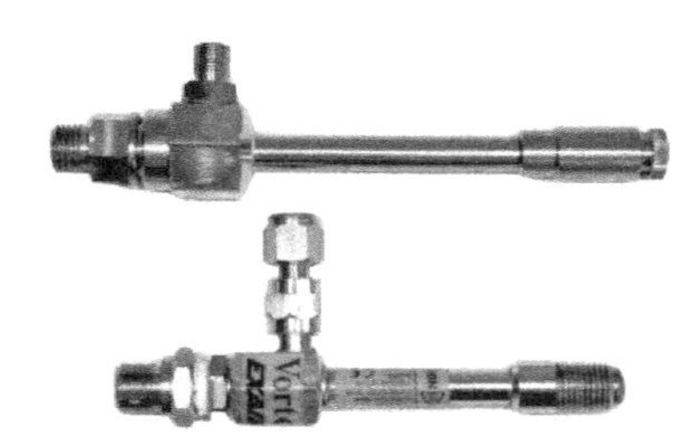

图 2　涡旋管

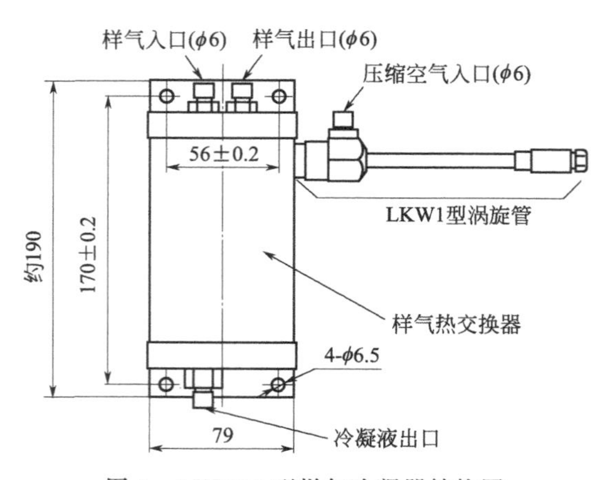

图 3　LKP210 型样气冷凝器结构图

[1] 德国物理学家乔治·兰科于 1930 年发明，工程界习惯称为兰科原理。兰科污水处理是兰科原理的应用之一。

④ 学习了产品优化设计的方法

整体优化设计法也是由金义忠老师在在线分析仪器应用及发展国际论坛上提出，任何产品的研发设计均适用此法。

在样气冷凝器的设计中，各层级技术系统都全力保证冷凝器最终的整体性能，消除设计缺陷，防止潜在技术风险。

涡旋管微系统优化的次数最多，时间长达数年，精雕细琢到怎样加工，怎样去毛刺，怎样检验，特别在符合流体力学方面下的功夫最多，最终才使整个冷凝器达到令人满意的性能。

⑤ 学习了试验技术

测试完全由学员动手完成，测试系统由废旧物品组成并进行优化，操作简捷，测试结果准确。可见搞研究不但要会做实验、试验、测试，而且要动手制作和搭建适用的装置、设备、系统和平台。这可能是最难的，却也最可能由此产生突破性成果。

试验能力，是工程师无可替代的真功夫。

⑥ 学习了赶超先进水平的理念

在0.6MPa空气压力下，采用LKW1型涡旋管（见图2上）的LKP210型涡旋冷凝器，产品的样气降低温度是40℃，当天测试出的样气降低温度却是45.6℃。将LKW1型涡旋管用从某外企进口的规格相似的3208型涡旋管（见图2下）代替，同等试验条件下，样气降低温度是23.8℃，与凌卡产品的冷凝性能相差较大，价格却高两倍以上。

测试数据亲手测出，证明多目标整体优化设计的技术理念很高明，证明一流的优质产品，一定凝聚了精益求精的工匠精神。经过长期持续优化的努力，要赶超先进水平，也是完全可能的。

这次实习是一次收获很大的学习和实践。从笔者的亲身经历来看，校企深度合作，特别是全过程合作，对卓越工程师的培养，有不可或缺的重要意义。

结束语

对技术的敬畏和信仰，对卓越工程师梦想的追求，具有鲜明的卓越工程师精神，是卓越工程师高素质的集中体现。

① 强调人文素质，要力戒空谈，甘愿付出，有担当。学会做人的修养，才会具有多元的优秀素质。

人文素质是卓越工程师的基本素质，就是具有真正的工程师精神，专注而专业，把卓越工程师的梦想当作信仰。学科交叉是科技创新最重要的形式，最重要的学科交叉是科技与人文的交叉。

② 强调专业素质，才能有能力去好好做事，愿意做最困难的事，甚至是分外之事。

世界名校芝加哥大学的一位教授，在访问北京大学时说："芝加哥大学对学生的要求是做困难的事。一个人要想有所成就，就要去做那些困难的事。"

专业素质还在于不断调整和优化自己的专业技术结构及行为，使专业技术得以不断扩展和提升。

③ 强调工程素质，才会有综合性创造力去干大事，参与大项目、大工程。科技前沿的研发设计和工程才能真实展现卓越工程师的高水平和贡献。必须要有丰富的工程实践能力和工程创新能力。

④ 强调修炼，可促进卓越工程师加速成长，好比走上快捷通道，这是一种可贵的内生机制（随时以最高标准检验自己）。修炼过程中的纵向交流与互动对工程师的成长有特殊意义。

⑤ 强调创新素质，促进形成实施创造力的创造工程：形成创新能力系统，形成最强的竞争实力，兼有敏锐的技术洞察力，超强的技术组织力，坚定的极致执行力，高效的技术表达力。"创造工程"是从美国传过来的概念，是关于创造方法和技巧论述，也是创造力形成的过程。

⑥ 强调深入实践，在工程实践中善于发现和保护自己的偏见，长期积淀，勇于提出异议，那么来自特殊实践过程的独立思考和技术判断，将上升成为独到的见解和经验。

⑦ 要面向全球化培养卓越工程师，拓展多维度的科技视野，以适应社会经济发展，科技进步的需要；适应国际竞争下科技强国、质量强国、品牌强国的需要。这种需要一定是刚需，迎来卓越工程师发展和成才的最佳战略窗口期，不可失察和犹豫。

卓越工程师虽然不是超人，但他们应有夸父逐日般的激情，长期实践的坚韧，终生学习的坚持，负责到底的坚守；有自己令人称道的技术观和高效的方法论；具有综合性的竞争实力。除了知识、智慧、技能、责任、专业、思想之外，也应有自我批判精神。如此才能超越自己，做更好的自己。

卓越工程师的广义技术观

引　言

技术的核心是技术观和方法论，技术哲学就是技术观和方法论的统一。

技术观体现的是技术的价值观，是在科技领域起主导作用的世界观。技术观最终是卓越工程师的脊柱和灵魂，是能影响科技创新活动的一种巨大的精神力量。

现在流行跨领域、跨行业、跨专业的学科交叉。适用于所有专业技术领域相对统一的技术观或可定义为“广义技术观”。对这一社会属性很强的命题，只适宜泛论，难作深究，特以本文泛论广义技术观。

1. 技术的整体观

技术的整体观就是要将技术的范围延伸到社会、经济、管理、文化、艺术、哲学等更宽广的领域。

美国阿瑟·W. 伯克斯教授是第一批计算机设计者之一，他认为“整体等于它的各个组成部分的总和加上它的组织性。人的意识也是人体的一种组织性，人的创造性就是它的体现”。对这种组织性习惯采用1＋1＞2来评述。

苏联哲学家弗罗洛夫认为：“系统整体的结构功能相对于子系统结构功能的总和有放大和创新作用，整体大于部分之和。”

将工程师的科技意识、技术观念、科技知识、专业技术等进行梳理、组织和综合，有利于技术资源优化配置和进一步地开发利用，整体综合法就体现了这种自我组织性，并能从中归纳出比较明晰的技术观和方法论来。

工程技术是专业化和系统化的技术，钱学森院士的系统学理论才广泛适用：观念上将技术整体化对待，行动上将技术具体化对待，操作上将技术系统化处置，要实现的总体目标，就是提高技术和产品的总体水平。

技术创新工程以整体观分析，有如下鲜明的现代化特征。

复杂性：多个学科、多种技术协同发展，其复杂性超乎想象。

交叉性：跨行业、跨学科、跨专业的学科交叉，甚至科技与人文的交叉。

实践性：技术主要在工程实践和生产实践中不断发展。有一种理念叫"实践工程学"。

系统性：技术和产品都可认为是系统技术，可广泛采用系统学理论。

群体性：没有任何人可以掌握一门技术的整体及全部细节，需要团队的分工合作。

创新性：技术科学是在继承性地渐进发展，但更值得重视的是突破性的创新发展。

市场性：技术进步驱动经济发展，高新技术需要产业化。将技术含量更高和产品质量更好的产品快速推向市场，取得预期的社会经济效益。

综合性：科技是源头，但同时还需延伸至经济、生产、管理、经营、金融、教育等多方面。整体综合既是一种技术方法，也是一种哲学思维，技术的力量全在整体综合，有整体综合能力的工程师必定属于优势一族，因为"综合即创造"。

卓越工程师和工程师相比较，一定有更强的整体综合意识及综合能力。

2. 技术的社会观

技术要在开放的社会环境中才能更好发展，国际交流与合作便十分重要。通过高层次的技术交流，工程师便能站在本专业的制高点上，开阔视野并始终活跃在科技前沿。

工程师通过理性的社会化，增强社会适应性，才能实现有效合作。始终保持高度开放，善于调整和优化自己的专业技术结构及行为，这样才更有可能在竞争中胜出。

卓越工程师和工程师相比，将有更高层次的开放性、个性化和社会化。

3. 技术的哲学观

技术要有哲学指引，技术规律要有哲学分析，自然辩证法可认为是技术哲学的基础。追求对技术本质的深刻领悟，为技术寻求一个坚实的基础，就该认真追问技术的哲学本质。

人的全部尊严全在于思想，而思想的力量很大部分在于异见、质疑和批判，科技的强大力量之一正是异见、质疑和批判，这是科技发展重要的源动力。科学最基本的态度之一是质疑，科学最基本的精神之一是批判，质疑和批判正是哲学的本质内涵。

工程师的科技创新活动需要克服保守的惯性思维。工程师的创造性，是人的意识这种组织性最佳的外在表现，是他们将自己的知识、智慧、才干、精力、技能、经验全面有机地组织起来，实现有序有为。他们的这种技术表现，才具有技术哲学内涵的特质。

哲学可看作是指导人们进行总体信息选择和合理应用的学问，哲学是世界观和方法论的统一。

哲学家的本职工作和看家本领就是创制概念，卓越工程师不是哲学家，但是具有哲学家那样的思维。例如，卓越工程师为了实现突破性创新，必须创制、设计、定义或重新定义技术概念和专业名词，这是一种典型的哲学行动。本书定义和诠释的有卓越工程师、卓越工匠、工匠精神和广义技术观等。

4. 技术的经营观

知识经济的四个中心是研究、开发、销售和服务，绝没有闭门造车的纯技术。

现代社会在经济上的特征就是市场经济。王选院士主张“企业靠科技顶天，靠市场立地”。所以工程师要主动与生产结合，与工程结合，与管理结合，与经济结合，让技术和产品产生最大的社会、经济效益和价值。

技术的优劣、产品质量的高低，效率的高低，贡献的大小，都要经广义市场环境下的经营表现来评判。以经济学的观点来审视技术，能以更低的经济成本和社会成本去实现更大的经济效益和社会效益，就是好技术和好产品。

技术秘密和工艺秘诀在规模化生产中具有不可替代的重要性和市场价值，体现在专利技术和自有核心技术成为主导市场竞争的法宝。

技术的最终归宿是市场，卓越工程师创造性地研发产品以及专利等，可以具有更好的市场品牌形象和经济效益。因此，卓越工程师是企业珍视和追寻的稀缺人才资源。当然，技术和产品只有在开放市场环境下经营，才能创造出最大的经济价值和社会价值。

5. 技术的艺术观

科艺相通，即科学与艺术相通。那么也该有技艺相通，即技术与艺术相通。

科学、技术、艺术的共同基础都是人的创造力，它们追求的目标都是真理的普遍性。人类的情感促使智慧开创出新的道路，智慧又使情感升华到至善至美的境界。智慧和情感都在追求深刻性、普遍性、永恒和富有意义。

技术和产品的艺术化是一种美学思维，追求简单、协调统一和美感。美与和谐（即协调）是技术精神追求完美的体现，正如卓越工匠的精益求精工匠精神追求至臻、至善、至美那样。

相信和敬畏艺术是工程技术人员的一大优势。产品的工业设计（即艺术设计）最能体现和证明技术也是一门艺术。工业设计是工业高速发展过程中，科学、经济、艺术和社会高度融通与结合的产物，是一门交叉的新兴科学，其核心是寻求和表现“人—产品—环境”的和谐与统一。

工程师应该敏锐把握人们的价值观念、生活方式和欣赏习惯的细微变化，坚持技术个性，对技术、生活、艺术有独特的理解和感悟，艺术化地协调好人和产品的关系，体现工艺美和艺术美，使产品富有时代感、价值感、人情味。优质的产品应该有优质的产品设计、精湛的工艺质量、艺术化的呈现效果，被赋予更高的文化内涵和艺术品位，达到实用性和艺术性的完美结合，展现富有文化内涵的工业设计魅力。

卓越工程师应该自己发展自己、自己创造自己，自己顽强地表现自己、实现自己，让自己的技术人生成为技术人格和技术生命的艺术。

6. 技术的人才观

(1) 工程师的创新精神

德国著名思想家歌德说："要成才，你得独创才行。"这句话无疑是对工程师的大声棒喝。

富有创新精神的工程师，应该是高度成熟的综合性人才，对技术有系统和概括性的思考，整体性的把握和领悟。如此，其技术观才能独树一帜。他们开放意识强，敢于竞争，善于交流，获取信息如饥似渴，捕捉机会独具慧眼，珍惜时间投资自己，革新观念追求创新，远离惯性思维之害，效率第一，且富有责任感，并能坚韧地向卓越工程师这一人生目标挺进。

(2) 塑造卓越工程师

一出校门就是卓越工程师，这当然很好，只可惜世界上还没有这样的学府和专业。但是，所有高校都能走出许多未来的卓越工程师。

卓越工程师不能自封，也不靠上天给予，只能自修，即"修炼"。在承担责任，攻坚克难的牺牲与实践中，修炼和塑造出卓越工程师来。

优秀工程师的技术个性一定有开拓性、创造性、突破性和前沿性的时代感，应在知识结构、技术资源配置、人格结构、思维体系、创新体系、技术观及行为方式等方面来一次认真重塑。

卓越工程师是企业人才工程的重中之重。他们有将帅之才的风范，是稀缺性的人力资源。资深并享有盛名的卓越工程师被看作是企业的战略性资源。

本书旨在通过在技术、工程实践中的强制性修炼，实现催化成熟，最终塑造出卓越工程师来。过程虽然漫长，但却值得期待。应该注意的是，卓越工程师不会野蛮生长，只能精心培育，需要一个良好的机制和优越的卓越工程师技术生态系统，以及工程师本人的高度自觉和务实力行。

7. 技术的价值观

技术的价值，也就是工程师践行“以人为本”的成就，就是从社会责任的角度对社会的贡献，是对人生价值和生命不朽的证明。

技术的价值体现在技术研发和技术攻关创造的业绩上，也体现在增进学问上。学问即上升到理论阶段的技术，是把技术当作一门艺术来钻研和深造的硕果，学问的典型标志之一是价值高或有代表性的科技论文和专业著作。他们使先进技术、优势技术得以更好更快地传播、利用和传承。

技术的价值也体现在卓越工程师的成才上。受过良好高等教育的科技人才，把技术作为追求卓越工程师的事业和梦想，即使终其一生，也无怨无悔，最终成为保障企业生存发展的栋梁之材，推动技术进步的重要力量。

8. 技术的经验观

（1）经验来自实践

技术经验来自技术实践、生产实践、工程实践，只能是实践出经验。经验要经得起验证和长时间考验。所以，经验是最好的老师，最好的教科书。

对过去存量技术积累有效继承的基础上，再加上卓有成效的创造，就能形成具有现实意义和可操作性的经验，说明经验也是在发展和提升过程中。经验不但需要实践，还需要对技术的深刻体验和感悟。

卓越工程师的宝贵经验，正是其人生意义、价值和专业技能、创造力的可靠证明。

（2）技术经验主义

虽然我们渴望和追求创新，但仍然提倡经验主义解决现实技术难题。特别是工程技术课题。技术要力戒空谈，要务实力行，要鼓励经验主义的技术思维。实验、试验、验证、检验、型式试验的结果，以及工艺文件，也都是一种经验，而且是新鲜经验。富有成效的成熟技术，必然是对现实技术的观感和实践经验作出最及时和最有效反应的成果。

实践出经验。从某种意义上说，产品技术就是经验的智慧结晶和综合性表达。

技术事故和失败的教训是反面的技术经验，有时甚至比成功经验更有价值。重视反面技术经验，能有效规避和防范潜在的技术风险。

卓越工程师不但要有总结和创造经验的能力，而且要吸取教训，避免大意失误，从而创造出具有更高价值的强势技术和有效技术。“经验主义地解决现实技术难题”是卓越工程师必须坚守的重要技术原则之一。

9. 技术的创造观

(1) 激活创新思维

工程师应该避免进入思维误区（如僵化保守的惯性思维），勇敢走向思维新区。创新思维的首要任务是调整和改变观念，使自己的价值观、技术方法、社会行为和生活方式等，能和科技界的现实社会接轨、协调、互动促进。

创造发明最需要敏锐的想象力，从独立思考逐渐走向独立探索的过程中，创新思维是促进科技创新的原动力。

将技术任务目标、工作计划、技术设计、试验方法、工艺操作等逐步深入和具体化，投入实施和物化使之成为现实的技术成果，也是一种朴素的创新思维。

(2) 构建创新体系

工程师不但要完成技术工作任务，还应尽可能地发展自己，竭尽全力走向力所能及的人生高度。这只有构建起自己高效的技术创新体系才能做到。

(3) 提高创造力

科技创新除实物发明之外还应包括新思维、新概念、新视野、新方法、新创意、新思想、新理论等，所有这些的集中表现就是整体性的创造力。

创造力是揭示技术新的内在联系和规律的能力，创新思维和创新体系是提高创造力的两大基础和前提条件。

卓越工程师具有非凡的想象力、深刻的洞察力，还同时拥有良好的适应能力、组织能力、协调能力，能在更高技术层面进行更完整过程的探索，独具匠心地达到技术和产品最大的设计深度、最好的质量和最佳的应用效果。他们表现出很强的技术集成能力，取得令人称道的成果，并在技术理论的探索上也有良好表现。所有这些素质的集中表现，就是卓越工程师最可宝贵的创造力。

生命的艺术就是创造。创造是工程师的天职，是技术的生命。创造力这种高端能力，是评价卓越工程师最重要的标尺。

结 束 语

本文通过多维度、深入的技术分析，对广义技术观的主要方面及其内容做了集中表达。虽然都是泛论，但大体能够支撑广义技术观这一新技术概念的定义。这一定义并不严谨准确，但足以启发科技人员，认真思考超越技术本身的诸多方面，必将有助于工程师以全新的技术视角，全新的创新思维，更加务实力行的实践，去探索卓越工程师的修炼和塑造。至此，本文写作的本意和目的也就容易被理解了。

卓越工程师修炼的28条法则

引　言

受过良好高等教育的学士、硕士和博士，无疑具有在未来发展成为卓越工程师的良好基础和必要条件，但是还不具备充分条件。后天持久的高强度修炼和深入的工程实践，才是塑造卓越工程师的必由之路。为此，特提出卓越工程师修炼的28条法则。它们都是构成卓越工程师“高素质”和创新能力的重要组成部分，能使他们成为对技术有整体感悟和驾驭能力的人。所谓“法则”，一般是指总结出来的、无误的，用于解决特定问题的规律、要则或方法等。

1. 高度的责任心

工程师必须成为具有高度责任心的人。对自己、对家庭、对企业、对社会都要有高度的责任心，有担当，敢挑重担，让人放心，这是高综合素质的基本前提。技术良心，是工程师一生全面发展的本质力量。

2. 稳定的技术观

技术观是对工程师起主导作用的价值观，既是技术的，也是社会的，是有关技术的本质、运行、发展规律及与社会关系的理论体系。所谓“稳定”，就是要在自己身上深植根基，为自己一生的发展引路导航。技术观好比工程师的脊梁和灵魂，支撑其活跃在科技前沿。

3. 行得通的方法论

任何工程师的成功，一定是方法论的成功。方法论是一种以解决问题为目标的体系和系统，是对必然性规律的深刻认识和有效把握。从本科教育开始，方法论的转变都是核心问题。但是，高等教育阶段所掌握的方法论远远不够用，还得继续学习，经过修炼，才可能内化成为自己得心应手的方法论。

技术观能够使工程师更理性严谨，有持久的责任心。方法论使工程师更聪明，特别能干事，具有极致执行力。

钱学森院士说："观点和方法论具有决定的意义。"任何取得突破性成功的卓越工程师，一定会有自己鲜明的技术观，形成自己高明的方法论，彰显出创新方法论至关重要的意义。

4. 理性的创新思维

创新思维也就是创造性思维，他是创新能力构成的核心之一。在理工科和工程领域讨论创新思维，特别是针对工程师而言，通常强调思维的逻辑严密、严谨、深入、线性等。这些都是理工科思维的特点。理工科思维强调"怎么做"，特别关注解决方案。所谓"理性"就是特别强调规律意识，遵循技术规律和技术逻辑，坚信技术规律是可以被认识和驾驭的。既要有勇气抵制、批评、克服科技领域保守僵化的惯性思维和教条主义，也要对自己的惯性思维进行自省和纠偏。

理性的创新思维是创新方法的源泉，例如"联想类比法"这个经典的创新方法就来自"联想思维"。

工程师必须成为积极思考、善于思考、敏于感悟的人。大悟是一种大方法，正所谓"大悟必巧"矣。

5. 深度阅读专著

（1）深度阅读的意义

为了一生的全面发展，要养成终生学习的好习惯。最有效的学习是深度阅读主流专著和经典，这等同于是在聆听大家、大师的教诲。要有自己的“看家书”和资料库。

通过深度阅读专著和经典，积累知识，拓宽视野，启迪思维，增长灵气，丰富人生内涵。在阅读中密集思考，发现和剥离出其中最核心、最本质、最有效的部分，产生新的思维方式，把自己从原先的固有思维模式中解放出来，内化成自己的技术观和方法论，使技术判断力更加敏锐和复杂，这对工程师的发展和成长无疑是一种高强度的锤炼，可使技术自主性和技术洞察力得以逐步提高，成为创新体系中的基础能力。

深度阅读还应该包括人文著作，增强对技术广泛意义的理解，文化之于科学和技术具有不可或缺的重要意义。

(2) 深度阅读范例

周定沛，教授级高级工程师，1966 年毕业于天津大学化工系高分子专业，在重庆某中型国企从事工艺科塑料件模具设计。改革开放初期，他在新华书店以一角多钱买了一本二手书《过渡金属导论——配位场理论》[1]，和量子力学书籍一起，开始了他的深度阅读和密集思考。在该书空白处，他多次写下解读之后的批注，直至再也找不到可下笔之处，足见熟读精思功夫之深。发掘和锁定了配位场理论中的一个关键词——配位键，开始了他对胶接（即粘接）技术的业余研究。很快便取得了原始创新成果，在《粘接》杂志 1982 年第 3 期上发表题为《胶接机理探讨——胶接的配位键机理》的科技论文。

1985 年，周定沛承担引进技术国产化中二十多种胶接剂配方的国产化任务，这才开始了他对胶接技术进一步的专业化研究。在工厂围墙边丛林中的两间旧平房，是他的试验室。一台普通的拉力试验机，是主要试验设备。在这里深入的潜心研究持续了 30 年之久，厚厚的试验记录本有六七十本之多，绘制了大量的胶接剂配方试验曲线，彻底贯通了胶接理论、胶接剂配方、胶接工艺、胶接工程应用服务的完整技术链。他独创的配位键胶接理论，理顺了各传统胶接理论之间的关系，为获得稳定胶接奠定了理论基础，在粘接行业产生了广泛深远的影响。他多次在重庆市和全国粘接学术年会上作学术报告，1992 年报告的题目是“粘附力的产生与粘附的配位键机理”，共发表相关论文二十多篇。每遇胶接难题，他都迎难而上、攻无不克、精益求精、完善至臻。例如，普遍认为的聚四氟乙烯材质根本不可能胶接的难题，早在 20 世纪就被他攻克了，还在中国卫星的一次紧急质量攻关中起过关键作用。重庆特殊钢厂从美国重金进口的大型设备，关键件因操作不当产生裂纹，造成停产的重大事故。最后竟被他用零成本的胶接方式修复，重新投入生产。他在后期还深入研究了胶接的强度理论和柔性理论，都取得了成功，彻底解决了有机玻璃胶接很容易产生裂纹报废的共性难题。

周定沛的事例，令人信服地证明："卓越工程师是能够炼成的"，卓越工程师的技术生命曲线有与众不同的突破期和超越期。周定沛的卓越贡献，载入了《中共百年功模人物志》大型文献。

深度阅读专著再加之密集思考，很有可能就是原始创新的最佳起点。

6. 高度开放的社会化

科技创新非常依赖社会环境和技术生态。左右技术的，也有强大的社会因素。工程师应该始终保持高度开放，以国际视野不断调整和优化自己的技术结构及行为，以适应全球化环境的改变，这可称为高度开放的社会化。工程师只有社会化，才能适应人类社会和技术工作的复杂性。

工程师需要的是理性的社会化，建立纵向交流通道尤为重要，争取早被指教、批评、引导，协调好人与人之间的互动合作关系，提高互动频率，增加知识总量和信息总量。只有社会化才能够突破自身的局限。

7. 国家重点工程导向

国家发展战略是工程师发展的战略机遇。找准国家重点工程导向才能找准战略机遇窗口。工程师只有正面回应国家重点工程、工程用户和企业所面临的巨大挑战和现实需求，才算对技术的本质有了深入准确的认识，回归到了技术的本质和本位。工程师要真正完成工程化的蜕变，也就是向卓越工程师的蜕变，最终修炼成既懂理论知识，又懂工程技术，还会应用实施的综合性高端专业人才。

8. 构建技术创新体系

创造力思维锁定的目标自然就是创造力，创造力是高端能力、综合能力，是评价卓越工程师的重要标尺。工程师理应将创造力始终放在首位，因为它处于人才能力结构的顶部。

强大的创造力必定来源于工程师个人所处的技术创新体系。在这个创新体系中，工程师应一直是主动的，而不总是被动的。在一个坚实的创新平台上，参加实施企业创新的核心工程，直接承担重大科技课题和科技攻关任务，对工程师的成长具有决定性意义。

卓越工程师的创造力包含硬实力、软实力和巧实力，创新思维兼有广度、深度和力度，这全都有赖于高效运转的技术创新体系。

9. 构建综合能力系统

卓越工程师应该有构建综合能力系统的意识，技术创新体系最有价值的成果，就是综合能力系统，这是工程师特殊的核心能力。工程师除要有深厚的技术理论基础之外，还要有敏锐的观察力、超强的组织力、极致的执行力、技术资源的集成能力、技术信息的利用能力和技术团队的协调互动能力。不但持续升级自己的专业技术结构，还要综合出技术战略和技术路线，技术路线要真正可靠。若能如此，技术实力就是一流的，科技创新的突破和工程师的成功才是可预期的。

10. 学用发明问题解决理论

苏联发明大师根里奇·阿奇舒勒的“发明问题解决理论（TRIZ）”[2]，在中国推广时译为“萃智”。中国仪器仪表学会在北京举办 TRIZ 培训时，学员对其评价很高：“深邃彻底的技术思想，聪明绝顶的技术方法，透明简洁的技术表达。”

TRIZ 有九大经典理论体系，是解决发明问题最成熟、最为系统化的理论和方法。TRIZ 好就好在，它既是理论，也是方法，还是普遍适用的工具，提供了一套简单、高效、经济、容易实际操作的方法，所以能在国际上长期盛行。学习和使用 TRIZ 之后，定会在技术创新中受益匪浅，收获颇丰。

11. 学用系统学理论

钱学森院士创建了系统学科学理论，并著有《创建系统学》专著[3]。

他从1979年提出系统学，1986年1月组织系统学讨论班，到2001年8月出版《创建系统学》，经历了22年之久，在这个过程中进行了长期研究和实践。系统学（systematology）就是系统科学的基础理论，被钱老称赞为“实际上是一次科学革命”。

系统学理论特别重要，却又简洁易懂，学用也不太难。金义忠老师在深度阅读“发明问题解决理论（TRIZ）”和《创建系统学》之后，于2013年在第六届在线分析仪器应用及发展国际论坛上，提出了“在线分析系统基础理论和优化设计的探索研究”[4]。

12. 从定性到定量的试验研究

科学试验应该是工程师的看家本领，在实验室（包括工程现场）要待得住，要耐得住寂寞，要能够细心做实验和测试，要会搭建实验装置、平台和系统，会制定测试方案，会控制试验工艺，会做准确无误的试验记录，会处理试验数据，并进行技术分析和误差分析；要会观察和发现新问题，会质疑，会提出新的见解，会推进进一步的试验，最终得到准确的定量试验数据。这样科学试验才具有最高的技术价值，它是取得科技创新和突破的密码和万能钥匙。勤于、善于、精于做试验，是工程师的核心竞争力之一。

钱学森院士科学技术思想另一个重要贡献，就是“从定性到定量的综合集成法”，该法特别突出了“定量”的核心价值。

13. 贯通宏观、直观、微观技术的综合研究

一般的科技人员大多只关注直观（即中观）技术，工程师要是能将直观技术向上扩展至宏观技术，向下深入到直观技术背后的微观技术，即能够融会贯通宏观技术、直观技术和微观技术，就有了更强的综合能力。

从定性到定量的综合集成，本质上就是在进行系统集成。这样才有可能具备对技术的有效集成能力。

钱学森院士说：“综合研究具有哲学意义。”综合之所以重要，因为“综合即创造”。工程师应培养统摄、驾驭、协调宏观技术、直观技术和微观技术的特殊能力。

14. 1+1> 2 的组织性

工程师要善于发掘和利用1+1>2的组织性，更高效地开展科技创新。组织性具有丰富的哲学内涵和技术内涵，其主要是指技术的组织性，还有技术信息的序化及利用，技术团队的组织性及其领导力，工程师的自我组织性等。

各种复杂的技术系统都具有自我组织和协调的隐秘特性。随着科学技术的进步，技术的复杂程度在不断提高，升级更新越来越快，技术判断也随之复杂化，只有发掘和利用严密的组织性，才能在现象和信息之间、各种技术概念和技术之间、技术系统整体和局部之间建立起本质的联系，才有可能达到1+1>2的预期目的。

换一个角度看，“发明问题解决理论（TRIZ）”和《创建系统学》不也是在着力解决“组织性”难题吗?

15. 质量源于设计（QbD）

国际上盛行“质量源于设计（quality by design，QbD）”的先进技术理念，认为设计才是产品质量控制的源头和牢固基础。

产品质量的后期质量控制，诸如精细管理、检验、可靠性认证、全过程服务，虽然也有效，虽然也必要，但如果在设计这一关没有真正做好，那后期的所有质量控制措施都有可能失效，还有可能造成灾难性后果。

2019年，波音公司737MAX8型飞机，半年坠毁两架，导致全球停飞，成为超级黑天鹅，不正是某一设计错误造成了无法挽救的危机吗?

16. 追求最终理想解

最终理想解（ideal final result，IFR）是“发明问题解决理论（TRIZ）”的九大经典理论体系之一，体现最优化原则。创新的优化模型具有超前性，而现实存在的各种变量的容忍程度却有限制，两者的协调处置十分困难。

理想化反应技术系统的进化方向，应该坚持，但有时也可能妥协，采用逐渐逼近的优化策略，可最终在功能和成本两个主变量之间同时逼近最优解，这也体现了技术系统的协调进化法则。

17. 设计技术概念

技术概念总是核心问题，原始创新一定是从创制、设计和定义新的技术概念开始的，也包括重新定义和诠释原有技术概念。

哲学研究就是创制概念。所以，设计概念就有了哲学内涵。设计和定义技术概念，是工程师非常优秀的思维方式和技术表达方式。毫无疑问，技术概念也是技术，而且是高级技术。犹如在该技术领域树起一个前沿性标志，合理而基础的技术概念无法被回避和撼动。

国际 TRIZ 协会副主席谢尔盖·伊科万科指出："TRIZ 的最大收获是新产品研发的概念设计阶段。"概念设计非同寻常的重要性由此可见。

18. 突破技术制高点

工程师应该在深度阅读专著时，在本专业的技术前沿领域不断寻找技术制高点，剑指前沿技术，主动积极面对，而不是刻意回避。当然这需要与之匹配的技术实力和勇气。

突破是生物进化的关键，突破同样是科技创新的关键，突破更是工程师成长和全面发展的关键。突破性创新是技术发展的主要机制。

19. 勇于跨界

打破知识和技术领域的专业界限，应该成为工程师的主动选择，过分强调专业对口实属不宜。工程师要注意积累多维度的技术实力，敢于跨界：跨专业、跨学科、跨部门、跨行业，甚至科技与人文交叉，向未知和不确定性挑战。跨界的结果虽然短期内有些模糊，但是拓展了创新空间，为一生的全面发展增加了更多的可能性。这种长期利好，谁也不应该放过。

20. 遵循简单化法则

简单化法则（keep it simple，KIS）本质上是一种方法论，被科技界广泛使用。化繁为简，以简驭繁并不容易，却很有效。简单化法则是技术逻辑和所有创新方法的基本特征，国内外都崇尚简单，这也正是崇尚理性的表现。中国最古老的典籍《易经》中，就有“大道至简至易”的精髓。

苹果公司联合创始人史蒂夫·乔布斯认为，做到了化繁为简，就能创造奇迹。他还将“极简主义”列为苹果公司十大管理戒律之一。极简主义就是简至无可再简。国家最高科学技术奖得主王小谟院士自述：“致力于把一切复杂的事情简单化。”上海大学原校长钱伟长也说：“科技就是把复杂的事情简单化。”“简单化”就这样简单地成了科技表达的艺术。

所有繁复的科技工作过程，都应该有“简单化”的回归，这是作为方法论的普遍意义。高度抽象和整体综合，就能实现简单化。最简单的技术设计，才是最优秀的设计；最简单的技术路线，才最靠谱；最简单的技术路径，往往才是成功之路。“简单化”如此广泛深入科技创新的核心现实，既是工程师的技术智慧，也是他们的生存智慧。

21. 极致执行力

国际知名的咨询公司麦肯锡在《亦真亦幻的核心竞争力》一书中，将业务一线的实施能力论证为“核心竞争力”的两类能力之一。对于从事技术工作的工程师来说，这种实施能力可理解为执行力，只有进一步具备极致执行力，才可能成为科技攻关的强者，效率竞争的胜者，极致执行力才可能使最终的创新成果超预期。

工程师要具备执行力，必须具备两个必要条件，一是责任心，有担当；二是岗位能力指数必须大于1。在任何艰难困苦条件下，都能坚持下去，并能圆满完成任务。

22. 奋斗三原则

工程师的发展和奋斗可遵循“奋斗三原则”，一是方向要对（技术路线要可靠），二是技术实力要强（具有综合能力系统），三是要忠实于任务（极致执行力）。

即：奋斗的方向对了之外，还要快，还要好，还要稳，还要有持久性。

23. 催化成熟新路径

美国著名心理学家马斯洛在其《自我实现的人》中，强调追求良好的个人成熟，运用智慧和潜能去“实现可能达到的最高发展，竭尽所能，走向自己力所能及的高度”。[5] 哲学家康德在欧洲18世纪的启蒙运动中，提出要引导人们改变不成熟状态。

“成熟”这个哲学的、心理学的概念，用在工程师身上也很适合。如果成熟的过程自发地慢慢来，则发展和成功的大好机会可能会被别人先到先得。单就专业技术而言，工程师肯定要经历一个“不成熟”的阶段。为加快成熟过程，特提出“催化成熟”的概念。所谓“催化”，就是从外部启蒙引导、移植经验，设计能让人成熟的机制，强制培训和强制性工程实践。

卓越工程师修炼过程中的“催化成熟”，可进一步诠释如下：

① 在一个良好的技术生态环境中，具体承担有重大压力的科技工作任务，具有前沿技术的特征。

② 这项科技工作任务有节点化的考核要求，受到制度化的强势约束和规范。

③ 具有畅通的纵向交流通道，受到高强度的锤炼和指教，接受强制性的培训。

④ 有进行多方面自我强制修炼的自觉，经历艰苦的研制和工程实践过程。

⑤ 任务结束之时，能够交出高质量的科技报告和科技论文。

24. 适应科技管理

科技工作和科技创新必然需要制度化的强势科技管理，而制度的本质就是促进人与人之间的合作。合作又要有良好的基础和前提。良好合作的基础和条件主要包括责任和任务的分配，利益的分配和激励，技术资源的配置，技术观（即价值观）相融，方法论相通等。认同企业文化，是工程师能动地适应科技管理的人文前提，具有以人为本的内涵。科技工作和科技攻关项目化能够大大提高效率。

优秀的科技管理不但实现了企业技术、经济的战略目标，对于改善技术生态环境，塑造卓越工程师也定然功不可没。

25. 工程化的五种“语言”

要稳定支撑工程师的工程化和实施科技创新，工程师应该能够熟练使用以下五种“语言（技能）”：

（1）良好的语文能力

语文能力是工程师综合素质最重要的基础，既要能够充分保障社会化的技术交流，也要能保障熟练的科技写作。

（2）至少精通一门外语

外语能力是直接参与国际交流所必需，是在国际视野下高效开展富有成效的科技设计与创新所必需。

（3）熟练的机械制图

机械制图是工程界的语言，制造技术的设计与转移均依赖机械制图。所谓创新，很大程度体现在机械制图所完成的结构设计创新上。

（4）高端智能化技术

人工智能是经济社会及技术发展的核心和重点之一，智能化技术的软件设计与算法设计都需通过计算机语言来实现。

（5）产品的工业设计

优秀的工业设计，使产品能够很好地适应人们的价值观念、生活方式和欣赏习惯的变化，艺术化地协调好人与产品之间的关系，体现工艺美，富有时代感。

26. 技术谈判的技巧

美国的谈判协会主席著有《谈判技巧　利益、选择与标准》，其要义和精髓特别简单：处理任何人与人之间的关系都是谈判。大到商务合同，中到要求老板涨工资，小到夫妻商量今天是否逛商场。

该书将谈判的要义归纳为：尽量向对方让步，帮助对方获得想要的利益，自己的利益也就在其中了。也许这就是追求“合作双赢”的要义和结果。

工程师所经历的技术谈判有其特殊性：以特定的技术现实为前提，以特定的技术规律为背景。此时仅有柔性妥协、让步是不能奏效的，有时要选择据理力争。朱良漪教授说他曾为了争取红外分析仪的科研立项而舌战群儒。

技术谈判要求技术表达专业，准确。既为对方着想，又有守住底线的让步和妥协，常常是很好的谈判策略。妥协往往是人生无法回避的选择。

27. 高效科技写作法

科技写作是广义的，不仅仅单指科技论文，还包括设计文件、技术报告、专利、专著等。尤以科技论文最为重要，特别是代表性科技论文，它是工程师专业技术水平的标志，是工程师全面成熟的标志，是工程师修炼和催化成熟的重要途径，也是工程师展现自己技术观和方法论的主要形式。技术表达能力，也应该是技术的重要组成部分。

金义忠老师总结过科技论文写作的秘诀，从宏观分析有四个重点：一是价值，二是主题，三是结构，最后还有精修改。评价一篇科技论文的出发点和切入点首要的是明确论文的主题和结构：主题是论文的目标，论文的统帅和灵魂，真实准确反映论文的技术价值；结构是论文的表达形式，服从于主题，充分证明主题。当然还需经过精修改，才可能有好论文，而精修改又需要有技术语言系统的有力支撑。

对于高效科技写作，主要建议如下：

① 实践即经验，没有科技实践，就没有科技论文；

② 只有不断修炼，遵循论文写作规律，自己会精修改论文了，才能叫作会写科技论文；优秀科技论文都要经过精修改；

③ 没有良好的语文基础，要写好科技论文只能是奢望；语文能力也是工程师的标志性能力之一；

④ 科技论文的技术广度、深度、力度要兼备；

⑤ 科技写作不但要好，还要快；科技写作水平亟需提高，贵在突破。

28. 高度的技术自信

工程师对技术和创新要有敬畏之心，感恩之心，坚定自己的技术信仰。这才是科技创新的原动力，才能成其久远。决心实施卓越工程师的长期修炼，培育精益求精的工匠精神，干一事、终其一生的坚守，肯定都源于发自内心的技术信仰。

工程师充分的技术自信来自自己的创造力，技术实力，以及长期实践积累的工程经验。由此催生技术直觉感悟，坚信技术规律是可以被认识和驾驭的，坚信一生的技术经历自成完备的体系，有出奇制胜和不按常规出牌的超常规能力。

高度的技术自信，活跃在科技前沿，这是卓越工程师的标志性形象。

结 束 语

卓越工程师的28条修炼法则展现出更广泛的技术视野，更简洁、更深刻的技术秩序，试图助力年轻工程师的全面发展和卓越工程师的塑造，期盼他们关注和突破自己的关键人生节点，加速专业化、工程化、社会化的进程。通过创造力的激荡和聚焦，能够在35～40岁之际，幸运地迎来自己技术生命S曲线的“突破期”，快速提高技术实力和竞争优势，使自己早日成为稀缺的人才资源，充分发挥卓越工程师精神，书写出自己的卓越工程师传奇。

参考文献

［1］ 鸥格耳．过渡金属导论——配位场理论［M］．游效曾，译．北京：科学出版社，1966．

［2］ 杨清亮．发明是这样诞生的：TRIZ理论全接触［M］．北京：机械工业出版

社，2006.

[3] 钱学森．创建系统学 [M]. 太原：山西科学技术出版社，2001.

[4] 金义忠，姜培刚．在线分析系统基础理论和优化设计的探索研究 [C] //第六届在线分析仪器应用及发展国际论坛论文集．北京：中国仪器仪表学会分析仪器分会，2013：151-159.

[5] 马斯洛．自我实现的人 [M]. 许金声，刘锋，译．上海：生活·读书·新知三联书店，1987.

中辑
卓越工程师的自主修炼

创新思维

技术观和方法论具有决定性意义。

突破性创新从创制和定义技术概念开始。

任何工程师的成功，一定是方法论的成功。

朱良漪学术思想的传承

1. 传承是最好的纪念

朱良漪教授是中国仪器仪表和自动化控制领域最早的开拓者、奠基人，尤其是分析仪器行业的主要创始人和学术带头人，国际著名的仪器仪表工程技术专家。

在分析仪器行业，大家都习惯尊称他为“朱老总”。他是科学家、业界泰斗，他深刻地洞察、指引着中国仪器仪表和自动化控制行业的发展方向，特别是分析仪器行业的发展方向。

回顾朱良漪教授非凡的一生，他永远雄心勃勃，壮心不已，为振兴中国的仪器仪表工业，倾注了毕生精力。他自始至终的理想，是早日实现我国的“四化宏图”。他最大的心愿，是使我国在线分析仪器技术尽早步入国际先进行列。

朱良漪教授于2008年1月10日仙逝之后，笔者与业内资深专家和行业协会、学会领导见面时，无不谈及朱良漪教授的教诲，最后都会探讨如何更好地传承朱良漪教授的学术思想。传承朱良漪教授的学术思想当然也有利于年轻工程师领悟大师之教，助力卓越工程师的培养和修炼。这是写作本文的动因和目的。

2. 朱良漪学术思想综述

2.1 倡导系统工程学

早在20世纪60年代，朱老总就提出：“要按系统工程的方式，来成套提供仪器，做到交钥匙工程。”论文“必须积极开展系统工程学的研究”[1]（《工业仪表与自动化装置》，1978年第1期），强调“系统本身就是一门科学”。在其第一节“系统、系统思维和系统工程学”中，他最早给系统下了十分准确的定义：“系统就是指由若干相互关联又相互影响的单元组成的一个有机‘整体’，而这个‘整体’又是集中地来实现某些作用。”“系统的运用和发展，从不自觉到形成学科体系已有50年历史。”“既然能够称之为系统，就是承认它应具有连续性、复杂性、综合性、可测性和可控性。同时，系统工程学与其他工程学最不同之点就在于它不专注于单个要素，而是着眼于各个要素的综合，要看成是一个整体的概念。”“‘工程’（engineering）这一概念，简言之，就是实践。”“系统工程就是从系统工程学的角度，来考虑整套过程的工程实践。工程项目的连续化、大型化、综合化、自动化和最佳化，已成为主要动向。工业过程中又特别提倡成套方式。”

1978年是我国改革开放的元年，朱老总就认准系统工程学是当时国外最热门的新兴学科。

钱学森院士于1979年正式提出要建立系统学（systematology）；1986年创建系统学讨论班，坚持了7年；2001年出版专著《创建系统学》（山西科学技术出版社，2001年1月）。钱学森院士给系统学下的定义是：“系统学是研究系统结构与功能（系统的演化、协同与控制）一般规律的科学，这就是系统科学的基础理论。”钱老还准确提出了“从定性到定量系统集成法，这是人类思维方式和科学方法论的革命性变革”。

系统、系统学和系统工程学，是分析仪器最为重要的研究方法。以上事实证明，朱老总也是我国系统学、系统工程学最早的开拓者之一。

2.2 组织领导引进技术国产化

1980年，已经60岁的朱老总任国家仪器仪表工业总局副局长兼总工程师，担负起我国仪器仪表和自动化控制引进技术国产化的重任。最有代表性、最具影响力和最成功的引进技术国产化，当首推“30/60万千瓦火力发电机组引进控制技术”的国产化。朱老总亲自组织领导和实施，在“按系统工程方法统筹安排30/60万千瓦电站工程任务”“30/60万千瓦火

[1] 本篇引用的论文，全部收录在《朱良漪文集》中。

力发电机组引进自控技术的收获和启发兼论‘节能’问题”“30/60万千瓦火电站仪表与自控系统综述”等论文中有集中论述。朱老总运用系统工程理论和方法，成功完成了总体控制系统设计与投运。

朱老总无疑是仪器仪表引进技术国产化的大功臣，他以“一用、二批、三改、四创”（即引进、消化、吸收、再创新）的精神，取长补短、有赶有超，后来终于实现了我国大型现代化、自动化化工成套装置的自行设计。

分析仪器行业的引进技术国产化，终于使分析仪器产业走上了“开放、创新”的正途，技术水平有了很大程度的提高。

2.3 国家重点工程导向

基于系统工程学理论和当代科学技术发展的大趋势，朱老总发表了两篇重要论文：“以重点工程带系统，以系统带仪表”（《仪表工业》，1984年第5期）、“再论‘以重点工程带系统，以系统带仪表’”（《仪表工业》，1988年第6期）。朱老总以30/60万千瓦电站工程为例，详解系统工程，其核心思想是“以科技为先导，以工程促成套，以系统带产品”的产业发展方针。

国家重点工程导向是极为重要的“技术观”，既适合大型成套自控工程，也适合分析仪器的研制及工程应用。分析仪器产业在环保领域爆发性增长，并涌现出众多系统集成商，无不证明“国家重点工程导向”的正确，分析仪器工程师应该牢固树立“国家重点工程导向”的技术观。

“以重点工程带系统，以系统带仪表”，这是朱老总独创的重要理论。

2.4 创建“在线分析仪器应用及发展国际论坛”

1997年10月10日，朱老总亲自创建的首届在线分析仪器应用及发展国际论坛（当时称’97过程分析仪器及应用技术研讨会），在北京颐和园成功召开。10年之后的2007年11月6日，第二届在线分析仪器应用及发展国际论坛在北京蟹岛召开，取得极大成功。87岁高龄的朱老总亲自策划、组织、主持了大会，并作了题为“21世纪的前沿技术 ‘分析技术’与‘自动化’的系统集成”[1] 的主旨报告。以朱老总主旨报告为标志的第二届在线分析仪器应用及发展国际论坛（简称国际论坛），给分析仪器行业带来一次技术思想解放的大好机会，引发了具有颠覆性的核心观念转变，给在线分析技术的发展重新定了位，主导和决定着我国在线分析工程技术的发展方向。朱老总的主旨报告为我国仪器仪表及自动化控制，特别是在线分析仪器的健康发展奠定了理论基础。

截至2020年，国际论坛已走过13届的光辉历程，成为中国在线分析仪器权威的学术论坛和展示平台，并推动着中国及世界在线分析仪器行业的快速健康发展。这充分展示了朱老总的号召力、组织力、国际影响力，以及超凡的胆识和智慧。

2.5 指引在线分析仪器的发展方向

早期的分析仪器在仪器仪表行业处于非常边缘的地位。朱老总在论发展成分分析仪器的重要意义时，提出“在线分析技术研究是未来的发展方向”。在他的鼓励与呼吁之下，分析仪器的重要性才逐渐被广泛了解和接受。朱老总在北京分析仪器厂工作期间，为了争取红外分析仪的科研项目立项，曾经“舌战群儒”。在’97过程分析仪器及应用技术研讨会上，他作的技术报告是《过程分析仪器是分析仪器发展的一大阶跃》。后来发表时改为了“过程分析仪器的发展”（《世界仪表与自动化》1998年第6期）。朱老总总结出制约过程分析仪器发展的三大症结及处置手段：一是过程分析的取样与预处理，二是成分信息的获得与共生信息的干扰和噪声的处理，三是长期使用的可靠性。并指出：多组分的分离技术与实时快速分析相结合，将是跨世纪新型过程分析仪器发展的大趋势。1997年，朱老总就这样正式开始了过程分析仪器技术的研究。

从2001年开始，朱老总将过程分析仪器改称在线分析仪器，撰写有“论在线分析仪器”的专题论文。2007年的第二届国际论坛上，“过程分析仪器专业委员会”也正式改称“在线分析仪器专业委员会”。从此，中国有了自创的关键名词术语：在线分析仪器、在线分析系统、在线分析技术。而美国仍然叫过程分析仪、过程分析系统和过程分析技术。

朱老总在“新自动化走向‘系统集成’”论文中说：“系统集成的形成，则是要先有系统的概念，然后展开看哪些地方有脱环，继而补充，从而形成集成的概念。”第二届国际论坛之后，我国的在线分析仪器在环保领域爆发性增长，正是得益于朱老总高瞻远瞩地拨正了在线分析仪器的发展方向。

2.6 突出样品处理系统技术的重要性

早在1979年，朱老总在“仪器仪表与实验工程学”论文中，提出了“‘取样问题’会涉及一系列理论问题”。1988年，朱老总又指出分析仪器智能化的两大课题是取样技术与实时信号分析和图像显示。1998年在“过程仪器的发展”论文中，将“过程分析的取样和预处理”作为制约过程分析仪器发展的第一个症结。2007年第二届国际论坛上，朱老总在主旨报告中，再次强调在线分析技术的“难点和闪点是取样系统、可靠性、少维护和软件技术”。

再加上美国罗伯特·E.谢尔曼的《过程分析仪样品处理系统技术》[2]以及国家标准GB/T 19768—2005《过程分析器试样处理系统性能表示》，在线分析的样品处理系统技术才最终确定其正确的技术地位，真正锁定了在线分析系统能够大规模成功开展工程应用的关键技术。

2.7 研究“人类社会发展前途”的公式

朱老总超越国界地关心人类社会进步，以促进人类社会进步的观点，探索研究“人类社会发展前途”的公式有六次之多。在’97过程分析仪器及应用技术研讨会上提出了公式：

$$\text{人类社会进步}=\frac{\text{资源}\cdot\text{能源}}{\text{污染}\cdot\text{人口}} \tag{1}$$

在线分析工程技术正是在广泛开发资源、节约能源，严格防治污染和保护人类健康等方面推动着人类社会的进步，成为永远的朝阳行业。

2007年，在第二届国际论坛上，朱老总提出关于21世纪的世界性危机的公式：

$$\textbf{Gain}(\text{真实收入})=\frac{\text{能源}\downarrow\cdot\text{资源}\downarrow}{\text{人口}\uparrow\cdot\text{污染}\uparrow\cdot\text{浪费}\uparrow\cdot\text{天灾}\uparrow}\times f \tag{2}$$

公式表明：能源、资源的节约程度与真实收入成正比；人口增加、污染加剧、浪费增大、自然灾害等与真实收入成反比；科技发展和社会进步对真实收入有正向提升能力，提升系数为f。

朱老总富有高尚的人文情怀，其一生工作呕心沥血，自在情理之中。

2.8 朱老总的论著

朱老总主编的巨著《分析仪器手册》[3]，共 18 章，219 万字，是他组织全国 99 位从事分析技术及仪器仪表开发的资深专家，历时三年半才完成的。

《朱良漪文集》[4]（图 1），收录朱老总的论文和报告共 63 篇，从时空特性的思维来综合分析这些论文，其时间跨度从 1954 年至 2017 年，有 53 年之久，超过了半个世纪；其空间（即专业）跨度，囊括了生产管理、工程自动化、仪器仪表、分析仪器、仪器仪表的产业发展规划、生产及研发质量控制、国际技术发展潮流、跨世纪展望等，几乎是无所不包，每一样都在引领潮流。

图 1 《朱良漪文集》

朱老总的每一句话，都有可能是至理名言、攻关利器，能使处于困境中的工程师顿悟。例如，朱老总说："能通过硬件解决的问题，不要总是用软件去修正。"这便能使研发攻关中的工程师少走不少弯路。

3. 更好地传承朱良漪的学术思想

3.1 深刻理解朱良漪的学术思想

朱老总的学术思想闪耀着智慧的光芒，绝不是神秘的教条，而是有旺盛生命力的技术理论与创新方法。其很大程度上是来自长期深入的工程实践。朱老总总是投身到生产建设和科研的第一线，到企业去开展广泛深入的调研，奔走在仪器仪表行业的前沿领域及工程现场。正是由于朱老总高度重视实践，他的技术见解和技术决策才能够做到正确和高明。

3.2 在线分析技术精髓的综合归纳

从朱老总学术思想中得到深刻的启示和教益，从系统和信息的高度来认识在线分析工程技术，就能抓住其核心本质和精髓。

① 在流程工业、环保领域以及实验周期长的科学研究中，都必须采用在线分析仪。

② 在线分析仪是在线分析系统的核心技术，它是以在线分析系统的产品业态（可简称系统集成）开展工程应用的。

③ 样品处理系统技术是在线分析系统的关键技术，常是在线分析系统开展工程应用时最棘手的障碍和症结。

④ 在线分析仪以及在线分析系统最具代表性的核心技术指标，只能是更直观的稳定性。

⑤ 样品处理系统最具代表性的核心技术特性，只能是更直观的少维护，甚至免维护。

⑥ 样品处理系统对千差万别、严重缺乏均一性的样品条件的全面适应性，是系统设计十分艰难的首要任务。

⑦ 在线分析系统工程应用的另一个重大难题是“成分信息的获得与共生信息和噪声的处理”。使用分析仪的最终目的是准确检测、计量物质成分。所以，全面做好广义抗干扰十分重要。

⑧ 在线分析系统也在创新发展和不断进化之中。必须克服保守僵化和墨守成规的陋习。

以上初步归纳的八条，都可以在朱老总的论著中，直接或间接地找到针对性论述。

3.3 朱良漪对“前沿技术”的诠释

什么是前沿？

“我们现在在泛用‘前沿’。可否认为是有引导探索和开拓的理念？当然必须有新领域，但不能仅限于与技术挂钩，也可以有‘科技前沿’和‘前沿应用工程等’。”

什么是技术？

“技术是为某一目的而共同协作组成的各种工具和规模体系。技术概念的要素，还包括强调技术的实现是通过广泛‘社会协作’完成的；技术的首要表现是生产工具，是设备，是硬件；技术的另一表现形式是规则，即生产使用的工艺、方法、制度等知识。这就是软件。”（“科学仪器的前沿技术、自主创新和应用”，《现代科学仪器》，2006 年第 6 期）

4. 朱良漪学术思想对卓越工程师修炼的教益

学习朱良漪的学术思想，对卓越工程师的修炼也有诸多教益，有利于提升卓越工程师修炼的整体质量。

① 更加关注系统工程学，深植“系统”这个最核心的技术概念。

② 坚持对国外先进技术“一用、二批、三改、四创”的精神，重点是消化吸收之后的再创新。

③ 坚持国家重点工程导向，践行“重点工程带系统，系统带仪表”的技术路线。

④ 扩大国际化的技术视野和技术交流。

⑤ 分析仪器行业的工程化，要特别关注和处理好共生信息的干扰、少维护的样气处理系统技术以及可靠性。

⑥ 关注存量技术向宏观技术、微观技术的延展和协调。

⑦ 长期坚持深入实践之后的认真总结，撰写论文或科技报告。

⑧ 认真谨慎处理好软件和硬件的关系。

⑨ 关注前沿技术，始终活跃在科技前沿。

⑩ 朱良漪在’97 过程分析仪器及应用技术研讨会上，语重心长地劝导与会代表：“工程师搞设计有一套，搞生产也要有一套。”现在，对于卓越

工程师来说，应该是：搞研发设计有一套，搞生产及工程应用也要有一套。

结 束 语

① 传承朱良漪的学术思想，有必要对朱良漪的学术思想，以及创新方法论进行全面、深入、系统的研讨和研究。

② 朱良漪之所以是大师、一代宗师，在于他始终如一的忠诚度，矢志不渝又睿智博学、才思缜密；在于他非同凡响的前沿性战略思维、开放性国际化思维、整体性综合思维和技术史思维。其中既有技术观，也有方法论，可统称为朱良漪的学术思想，为我国分析仪器事业的发展，做出了不可磨灭的突出贡献。

③ 朱良漪是广大工程师的良师益友，对于中青年科技工作者，总是倾囊相授和全力扶助，培养了一大批中青年优秀工程师、卓越工程师，这是朱老总的又一重大贡献。

④ 朱良漪将他的整个生命都贡献给了中国的分析仪器事业，深受业界的敬仰和怀念。他提供的“大师之教”，包括技术观、方法论，以及深厚的人文精神，都值得修炼卓越工程师的晚辈们很好地继承，继而创造出光辉业绩。

参 考 文 献

[1] 朱良漪．21世纪的前沿技术 “分析技术”与“自动化”的系统集成［C］//第二届在线分析仪器应用及发展国际论坛论文集．北京：中国仪器仪表学会分析仪器分会，2007：4-6.
[2] 罗伯特·E. 谢尔曼．过程分析仪样品处理系统技术［M］. 冯秉耘，高长春，译．北京：化学工业出版社，2004.
[3] 朱良漪，孙亦梁，陈耕燕．分析仪器手册［M］. 北京：化学工业出版社，1997.
[4] 朱良漪．朱良漪文集［M］. 北京：化学工业出版社，2013.

高效科技论文写作的秘诀

引 言

任何一项科技任务，一定伴随有科技写作，科技写作能力是优秀工程师技术优势的重要组成部分。要发展和创新，尤其是突破性创新，特别依赖准确的技术表达能力和高效的科技写作能力。科技写作，对于工程师的成长和一生的发展，具有很强的“催化”激励作用，会刺激新思想、新概念、新方法的提出，会发现新课题，最终才可能转化为著述能力的提高。

科技写作的代表，必然是科技论文，特别是代表性科技论文。这是工程师专业技术水平的重要标志，也是其全面成熟的重要标志，还和其切身利益和人生命运直接相关。科技论文写作最主要和基本的前提条件是工程师承担具体的科技任务，具有长期深入的科技实践和科技攻关经历，以及进一步深入的技术思考。

高效科技写作，一定得有自己的技术语言（表达）系统。

科技论文写作，据说是无法教授的。笔者却认为，科技论文写作，很值得高度关注和认真探讨。可以通过示范引导，强化训练和长期修炼，取得实质性的提高和突破。

本文仅探讨应用型科技论文的基本写作规律，可适用于广义的科技写作，如科技项目报告、技术设计文件、技术报告、专利文件等。

1. 语文意义的诠释

语文的实质是一个鲜活的智慧系统，因此本文才从诠释语文的意义开始，注意充分发挥语文的人文性、艺术性、批判性、现实性等作用。

（1）语文的定义

教育家叶圣陶定义语文：“语是说话，文是文章。语文包括听读说写。听和读是接受，说和写是表达。”语文的确就是会听、会读、会说、会写的学问。

（2）语文的基本理念

广义的语文能激发和引导人们走更好的自我发展之路，这才是要学习并用好语文的重要本义。

让语文以适当方式唤醒心智，引导发现自我、发展自我，确立文化自主性，将来才会有技术自主性。例如，科研选题和撰写优秀科技论文，不必再依赖他人。

（3）阅读的价值

阅读的基础和前提，无疑就是语文。

工程师的阅读就是从文章中提取意义，并建立属于自己的复杂意义的过程，能发现文章的优点和关键点，哪怕只是某一词、某一句，也可以具有启示意义。这种心理建构活动，正是阅读乃至语文修炼的精髓。笔者从《电桥理论与计算》一书中，提取出“电桥稳定性”作为高端热导分析仪研制的突破口，最终研制出了近乎“零漂移”的热导气体分析仪。周定沛教授级高级工程师从《过渡金属化学导论——配位场理论》中，提取出“配位键”关键词，作为建立“配位键胶接理论”科研课题的核心，最终独创了配位键胶接理论。两者都建立起了属于自己的复杂技术意义。

阅读经典特别重要，是对自己技术成长的一种高强度锤炼。依靠良好的语文基础，先具备一本本书的消化吸收能力，才能再综合成自己的理性思维方式，才能增强技术理解力、技术发现力、技术表达力以及科技创造力。

（4）语文的意义

语文是人类最重要的交际工具，而且是工具性和人文性的统一。语文是国家历史的真正核心，有中国的文化系统和智慧系统，这是最重要的。语文是人一生全面发展的重要条件和坚实基础，语文更是工程师成功开展科技活动和科技创新的原始基础。以科技论文为标志的语文能力属于工程师的核心竞争力，起着推动他一生全面发展的重要作用。

站在语文和技术的交叉结点上，技术表达才如此丰富、准确、简洁、优美，技术才升华到更高的本质境界，提炼出更深刻的洞见。

文化（语文是其代表）之于科技具有不可或缺的重要意义。语文的意义，则在于引导你从有界，到无疆，最终有助于解决一个人的水平问题。

再者，语文能力还是破解退休寂寞综合征的良药，不可不备。

2. 撰写科技论文难在何处

研究生和年轻工程师普遍感到科技论文写作困难，原因至少有以下五方面：

① 承担科技任务少，或时间太短，或不够深入，甚至本身轻视科技工作，关注的重点根本不在科技工作上。总之，经历少、没见解、没经验、没成果、没积累，无法深入分析和总结。

② 没有长期深入的工程实践，没有技术积累，缺少记录（例如主流专著和优秀论文深度阅读的记录，科技工作感悟的记录，深入实验的记录，技术交流的记录，有价值技术信息的记录，质疑思考的记录）。总之，论文素材严重缺乏。

③ 对科技论文写作的基本规律缺乏了解，没掌握科技论文写作的一般方法，没有论文表达方式的储备，没有遣词、造句、结构方面的基本技巧，不会修改和规范论文。总之，练习得晚，写得少，没有人点拨，盲目又畏难，没有形成自己的技术语言表达系统。

④ 语文基础太差，缺乏基本的书写能力。全国政协委员胡刚曾就“中国博士论文语法问题严重令人头痛”发言：“现在的很多博士生，指望他们把‘主谓宾’运用得当，‘定状补’使用正确，已是奢侈的要求……”连博士生的语文能力都如此低下，中国的语文教育应当有所反思。

光有语文基础还是不够的，更要有工程师在工程领域技术语言（表达）系统的强力支撑。

⑤ 缺乏强制训练和自我修炼，不知道还可以联想和模仿。

以上五条的任何一条，都会导致写不出像样、合格的论文。

初写科技论文，可参阅西安交通大学赵大良教授的《科研论文写作新解》[1]，定有明显教益。

3. 科技论文写作秘诀

笔者撰写和发表过约100篇科技论文，任《分析仪器》杂志编委三十多年，有写作、审稿和帮助友人校改论文的丰富经历，感悟良多，将科技论文写作的见解，归纳成如下“极简科技论文写作秘诀”：

文题彰显主题，
主题原创第一，
层级结构完整，
摘要极简精辟，
表达顺畅专业，
完稿校改无缺，
杜绝错漏硬伤，
应对所有质疑，
兼备广度深度，
提升利用价值。

4. 科技论文的主题和文题

科技论文的第一重点是论文主题，要使文章看起来就是很有水平和利用价值的科技论文。

主题是论文的目标、论文的统帅、论文的灵魂，集中反映论文的先进性和利用价值。主题是探索研究的核心问题，应该有理论深度、行业热度、创新力度和可扩展广度。论文的文题必须十分明确、醒目、彰显主题，有极强的吸引力，能够精准地代表主题。

(1) 主题的选择

主题的选择是科技论文写作最早的一步。

科技论文是一项科研工作、科技攻关、科技实践的创新成果，因此论文的选题也必须要在亲自参加研究、攻关、实践过的科技工作中去精选，最好能够正面回应国家重点工程和用户面临的挑战及现实需要。选题要新颖，要有明确的前沿性和创新性，最好要有一定的理论深度和可延伸扩展的广度，具有创新的力度，具有较高的利用价值，最好是属于突破性的原始创新。

（2）文题的确定

文题要既能提携全文、标明特点，又能吸引人，便于记忆，凸显利用价值。

在初步确定论文主题之后，就要拟出论文的文题，根据论文内容重点的指向，经过精炼和归纳，可同时拟出多个近似的文题。初拟文题之后，可放置一段时间，数周、数月皆可，比较之后，最终推敲，选择出一个最精准的文题。

所谓的文题精准，一是最大限度地彰显主题，其影响力要有分量；二是要能统摄论文内容；三是简洁明了（一般不超过 20 字），没有空泛、冗长、不确定、不妥帖的弊端；四是能够让读者过目不忘，容易记得住。

例如，分析仪器行业的一本重要专著，提交给编委会终审的书名是《在线分析仪器系统工程应用技术》，编委会的修改意见是："系统"比"仪器"高一个技术层级，两者并列不大合适；工程应用技术和工程技术意思相近，"应用"一词可以不出现。编委会最终审定的书名是《在线分析系统工程技术》。

精准文题一旦确定，一般都能够写出质量较高的科技论文。

5. 科技论文的层级结构

科技论文的第二个重点是论文的层级结构。结构表达主题，看起来才真的像科技论文。

论文的层级结构，是论文的主要表达形式，服从于主题，要能充分证明主题。

如果将一篇论文看作是一个技术系统，它一定有一个清晰完整的层级结构，每个层级有其独立的功能，各层级互相呼应和协调。

即使论文的主题和内容尚可，只要论文的层级结构明显不合理，看起来就不像一篇论文，就难逃提前被否定的厄运。

根据用途的不同，科技论文可以大致分为三类：学位论文，期刊论文，晋升职称的代表性论文。不同用途的论文，层级结构因为要服从主题及内容，会有较大差别。以代表性论文为例，层级结构的设计应注意以下问题：

① 为容纳论文内容的技术广度，论文第一层级从“1”开始的序号要偏多一些，特别是综述性质的论文。

② 为突显论文内容的技术深度，论文至少要有三个层级，第二层级的序号从“1.1”开始，第三个层级的序号从“1.1.1”开始。如果还不够，可再按顺序增加序号从“（1）”“①”开始的更小层级。

③ 同属第一层级的各部分之间，技术逻辑要顺畅，体量要大致协调。

④ 第一层级、第二层级的标题，要专业、协调、简洁，以体现技术含量和技术水平，不能有口语化痕迹。特别是第一层级的所有标题，一定要风格一致。

⑤ 论文层级结构不能有重要的残缺。例如，缺少结论部分或结论写得草率。

6. 科技论文的技术表达

科技论文的第三个重点是技术表达。文章读起来顺畅，技术专业性强，创新点突出，论证充分，结论可靠，才是一篇科技论文。

论文的技术表达要充分服务和证明主题，这是在精心设计的层级系统框架里实现的。要做到内容丰富、事实确凿、说理充分、表述严谨、整体协调、节奏和韵律赏心悦目。

一篇高水平的科技论文，技术表达十分关键，重点关注以下几点：

① 论文正式开始写作之前，应该首先做好两个准备：一是发掘和收集尽可能多、关联度又高的论文素材，并集中在手边。二是根据主题和文题，初拟出论文提纲，即基本完整的论文层级结构。

② 论文层级结构的完整性，还得有论文内容的完整性予以合理匹配。论文的内容要能够证明论文的结论是正确的、可信的，可资利用的。

③ 技术思维逻辑要具有严密性。论文可从国内外技术现状的技术背景出发，包含核心命题的提出，采用的技术路线和技术方案，采用的研究方法，研究的实施和实验过程，取得的实验结果（特别是定量数据），命题的论证，得出的结论，后续的进一步研究等。技术表达要思路清晰，逻辑

严密，语言连贯，层次分明，重点突出。

④ 材料取舍合理。内容选择不宜过于狭窄，进一步收集到的高关联度素材，也应适当补充进去，予以充实论证。否则论文的篇幅和分量不足。和主题关联度低的素材不宜硬塞进去，以保证论文的完整结构。

⑤ 内容各部分之间前后呼应，增强关联度。次级小标题与其下内容要一致。

⑥ 最重要的话要写在最合理、最需要的地方。例如：

a. 论文摘要是写作重点之一。要写得极简精辟、内容具体准确、呈现精华，研究目标、研究方法、研究结果与讨论、最后的结论等，应构成完整的短文。即便独立使用，也能让人理解和认可。论文摘要的创新点突出、专业性强、规范性好，被检索和引用的频次就高，利用价值就高。

b. 第一层级的每一节都应有小结性的归纳。

c. 结论比较难写。结论一要简单、篇幅短小。二要精炼归纳出明确结论，有创新的高度和力度，既不人为拔高，也不遗漏应该有的结论。可在结论部分挑出几点胜人一筹的“干货”，写成有序号和标题的短句。

⑦ 论点的论据要充分，结论要明确，要有说服力，能够让内行都认可。

⑧ 杜绝错误和重要的遗漏。容易引起质疑的地方是软肋，做不到彻底避免错误的内容，就该果断放弃。

⑨ 写成完整文稿之后，还要进行至少两三次认真修改，以提高论文的成熟度。最后还要放置一些时候，再次进行精修改。

⑩ 参考文献的时效性要强，关联度要高，书写要规范。

7. 科技论文的精修改

科技论文的第四个重点，是要精修改，使其评议起来既熟又精，使用起来的确是一篇优秀科技论文。

好论文之所以难得，不光是难写的问题，更是需要精修改的问题。如果用百分制评价科技论文，据笔者亲身体会，精修改可提高论文分数 15～20 分，可以说是和论文的命运攸关了。研究生和年轻工程师撰写科技论文之所以困难，最主要的原因，是自己不会精修改论文。要示范和训练写科技论文，就应该深入、全面地探讨论文的精修改，学习修改论文比学习撰写论文更加困难。即便是科技论文的写作高手，对重要论文的悉心修改也要有四五遍之多。

7.1 科技论文的常见弊端

科技论文常见的不足和弊端，罗列如下：

① 选题不当，拟题不准，论文缺乏新颖性和创新性。

② 内容空泛，偏离文题，“跑题”严重，缺少利用价值。

③ 论文无多层级结构，杂乱无章法，未精炼出关键重点和核心技术观点（包括技术概念）。

④ 缺乏技术语言，口语化、非专业化严重，如滥用副词、连接词和虚词。

⑤ 内容多次重复，不简洁紧凑。

⑥ 内容轻重失衡，重点不突出。

⑦ 论文结构散、节奏慢，次要内容过多，核心主题出现太晚，韵律感不强。

⑧ 论文细节处有无数疏漏。如名词术语、计量单位、有效数字、图表、版面等，专业技术和论文规范两方面，都有明显的外行痕迹。

⑨ 论文内容不简洁，不会删除不必要的内容。

⑩ 论文的技术逻辑不顺，成熟度低，可读性差。

7.2 学习修改文章的高见

文学大家朱光潜、叶圣陶和大文豪斯蒂芬·茨威格都论及过文章的修改，实属高人之见，试列出五条：

① 要舍得删改文章，如若删去一两个字或者一个词之后，意思没变，证明改对了，整篇从简更好。

② 删繁去冗，善于割爱。章节过渡快，便于形成重点和高潮。

③ 不轻易放过文章存在的问题，哪怕是微疵小失，直至无疵可指。

④ 一不怕模仿，二不怕修改，自己能看出自己文章的问题，才算有了进步。

⑤ 最后从头到尾默读，能够一口气顺畅读完的，必定是好文章，科技

论文也应该如此。

7.3 论文精修改的方法和技巧

可将经过多次修改的论文作冷处理，放置一段时间，自己仔细思考揣摩，或征求友人意见。一定要站在批评、挑剔、质疑的立场，再动手精修改论文，以期达到力所能及的高水平发挥，交出令人满意的科技论文。论文精修改的方法和技巧讨论如下：

① 重视语文基础。基于语文基础的技术表达能力，要和学位、职称、技术职务同步长进。

② 最值得精修改的，是论文的宏观性内容，特别要精修改好如下三个重点：一是文题和大标题，二是论文摘要，三是论文结论。论文要整体协调、完整。优秀论文应在选题上予以提升，但不夸大；理论上予以拔高，但是可信；结论凸显，方便利用。

③ 严格规范论文。学位论文、学术期刊和晋升职称的代表性论文各有其论文的规范要求和格式，认真关注和模仿论文，可少走弯路。

④ 关注论文的用途和读者，细心调整论文精修改的策略。

⑤ 避免论文内容空泛。紧靠文题，不“跑题”，收束有力。

⑥ 审查论文层级结构。该减的减，该加的加，布局更趋平衡稳妥。

⑦ 如果内容不得不重复，再次出现时，应该尽量予以压缩简化处理。

⑧ 内容主次要明，轻重要适当，尽量突出重点内容和核心命题。

⑨ 论文简洁明快，有韵律感，有核心观点，有关键内容形成的高潮。

⑩ 能自如驾驭论文的长短，既可割爱删短，也能无痕迹地适度加长，按需要调整。

⑪ 杜绝口语化倾向，增强专业化，要用最简洁、最准确、最流畅的科技书面语言写作。

⑫ 同一层级的小标题排序要恰当，要体现技术逻辑的合理性。

⑬ 将长句改成短句。将被动句式多改成主动句式。

⑭ 字、词、标点符号等的使用要准，“的”“地”要分，少用“进行”一词，不滥用副词、连接词和虚词。还要注意语法要通，逻辑要对，修辞要好。

⑮ 杜绝抄袭的行为，引用他人学术观点和文献，要明确区分和注明。

⑯ 不从网上下载内容生硬拼凑论文，个人的东西要多，而且有“干货”。

⑰ 论文不应该是试验记录、技术工作总结、产品使用说明书的近似翻版。

⑱ 要认真设计版式和版面，看起来富有美感。

⑲ 规范处理图表。大小适度，占位应小，字体和图线容易清晰辨认。

⑳ 不“板起面孔”说教，不可有“你该如何”“你要怎样”的句式。

㉑ 论文不夸大、不拔高，有实事求是的诚信，增加可信度。

㉒ 绝不留下外行的痕迹。名词术语、计量单位、有效数字和缩写等用得准确。

㉓ 实验结果和实验数据不可以简单照搬记录，不可以无中生有造假。要将实验结果和数据生成图表，对数据要进行合理的技术处理，如有效数字和误差分析处理，并进行技术分析和讨论，陈述新的发现，准确表达结论性意见。

㉔ 要进行可读性修改。如果默读论文不能一口气很流畅地从头读到尾，就还得再修改。

㉕ 论文的精修改，宜先大后小，先易后难，先粗后精。最后才是最细微处的审改和润色，直至自己完全满意。

精修改之后的论文，要让初入行者看得懂，也要经得起内行质疑和评议，让期刊编辑挑不出问题。

8. 应对质疑和评审意见

8.1 质疑和评审意见来自何人

提笔写论文，首先要想到读者。科技论文的读者有以下三类：

① 学位论文首先要经过盲审的评阅专家评阅，写出评阅意见，按规则打分，给出是否同意答辩的意见，同意答辩者才有机会进入毕业论文答辩。正式答辩时，不但要直接回答盲审专家的评阅意见，还要面对面回答答辩专家们的诘问和质疑。

② 学术期刊论文经过责任编辑初审之后，也要先由同行评议专家（即审稿人）写出评议意见（习惯称为审稿意见），这是论文是否被录用的主

要根据。期刊编辑要求选题、内容具有独创性和利用价值，文风、篇幅等符合期刊的出版要求。如决定退稿，一般会说明包括评议意见的退稿理由，如果初定录用，编辑会提出退改意见或修改的建议。

③ 论文刊出后，高水平的细心读者，会指出论文存在的错误。

由此看来，质疑和评审意见，技术性的主要来自评阅专家和评议专家，规范性的来自期刊编辑。

8.2 理性应对质疑和评审意见

要尊重同行专家、期刊编辑的评阅、评议意见，以及质疑、改稿意见。

① 对于学位论文的评阅意见，要提前做足功课，在答辩时要正面、直接回应。个别的确做不到的，可虚心提出后续措施，争取谅解。面对答辩专家的诘问和质疑，可实事求是地回答和耐心解释。如果采取不合适的回应态度，就有论文答辩无法通过的风险。

② 论文作者面对的期刊编辑，其背后是同行评议专家，作者可以推荐自己论文的评议专家。如果有自信，认为退稿是误判，可客观地陈述理由，争取再审。如果是退改，仍以争取录用为目标，不但要合理处理全部审稿意见，还要珍惜退改机会，再次精修改论文。如果仅是修改，说明录用的机会很大，大多是细节处理欠妥当，或者不符合期刊的规范要求，不存在技术上的原则性问题，照改即可。以上所做的一切，都是全力争取被录用，不给退稿再添可能。不管什么情况，作者都要放低身段，态度谦虚，对于期刊编辑的审稿意见及指导表示理解和感谢。

③ 作者与评阅或评议专家、学术期刊编辑打交道，是一个社会化技术交流的机会，是一个学习的机会，是一个被行家质疑、批评、指点的好机会。如果有较多这样的经历，科技论文写作能力和技巧定会有所提高，论文水准和风格也会有明显进步。

9. 科技写作的特例

走出高校校门求职应聘，都得有求职简历，可以认为这是科技写作的一个特例，它有特定的写作技巧，技术含量也很高。因为关系自己的切身利益，所以要特别用心写。

某国企钢厂的一位干部，辞职去深圳“下海”闯天下，拿着二十多页的求职简历，叩门求职二十多天，都无人问津。正在叹息之际，忽遇高人指点，让他用简短的简历试试。他再用三页简历去求职，竟然第一天就有三家公司有意录用。他选择了其中一家，那家公司的老总后来支持他成功创办公司，成为他一生的大恩人。

笔者退休后，求职和与人深度交流时使用的个人简历，全都仅有一页A4纸，效果都不错，三次都顺利被聘用。

结 束 语

① 工程师撰写科技论文，一定要依赖于自己的技术语言（表达）系统。否则，满腹见解和创意，将无从下笔。

② 科技论文是对作者创造力的检验，又对作者创造力有强化激励作用。科技论文是作者立言、立论之举，是他报效社会的重要途径之一。科技论文是技术交流、科技争鸣的载体，促进了科技的发展，也促进了工程师综合素质的提高。

③ 整体把握科技论文写作的规律、方法和技巧，探索高效的科技论文写作法，应该成为卓越工程师的必修课，成为一种技术的自觉和自信。倘若能够运用自如，必会终生受益。

④ 高效的科技论文写作贵在突破，包括选题的突破、质量的突破、速度的突破，以及文体、文风的突破。

⑤ 工程师写好科技论文是个长期的渐进过程，不可能速成。最基本的要求是写顺，更进一步是写熟，更高的要求是具有个性化特征的写巧，再高的要求是写“绝”，这是科技论文写作的四个层次。

⑥ 可以探索科技论文写作的艺术。例如寻找和尝试新的文本形式，新的论文结构，新的技术语言，新的论文风格，在技术创新成果中体现出技术观和方法论，这样的论文可深思，可启发，可赞叹，可传播，更可资利用。再有简洁利落又确切精准的文笔，定然能给读者以美的阅读感受和可资利用的收获。

⑦ 工程师自己会精修改科技论文，最终能够交出技术成熟度高的科技论文，才能够叫作会写科技论文了。这是一辈子的能力，必定终生受益。

⑧ 高水平的代表性科技论文很可能成为卓越工程师技术人生关键节点的标志和形成突破力的关键手段，成为其创造力的有力证明。

参考文献

[1] 赵大良．科研论文写作新解［M］．西安：西安交通大学出版社，2012.

极简创新方法论

引 言

实施建设创新型国家的发展战略，创新型人才必定是宝贵的稀缺资源。创新型人才最懂得熟练运用创新方法论，去实现创造和科技创新。

创造：人们创立新事物的活动。

新事物：新思想、新假说、新观念等精神产品；新机器、新装置、新器件、新材料等物质性产品；以物质为载体的新方法、新工艺、新形象等信息性产品。

创新，一是“更新”；二是创造“新的东西”；三是“改变”。

创造和创新是近义词，有共同的特性。创新具有新颖性，而创造更强调独创性；创造是源，而创新是流。技术发明更适合理解为创造，其主体是个人或组织；技术创新是技术发明的第一次商业利用，技术创新的主体是企业，技术创新的主力自然就是工程师了，具有非凡创造力的卓越工程师便是工程师群体的卓越代表。

王大珩等著名科学家提出“自主创新，方法先行，创新方法是自主创新的根本之源”。

自从美国人奥斯本在1938年首创智力激励法以来，全世界至今应用的创新方法多达300余种，比较常见的也有40多种。

方法论是人们认识世界、改造世界的根本方法，主要解决“怎么做”的难题。方法论体现的是技术及技术创新的高效行为方式，是工程师的高端能力，即创造力。本文仅探讨科技创新方面的方法论，对最被看重、又非常适用、笔者自己体会又比较深的科技创新方法，简评如下。

1. 发明问题解决理论（TRIZ）

苏联发明大师根里奇·阿奇舒勒的“发明问题解决理论（TRIZ）”[1]，在我国推广时译为“萃智”，是科技创新苏联流派的显著代表。

TRIZ 有九大经典理论体系，足见其博大精深，构成了阿奇舒勒的《发明大全》：

① TRIZ 技术系统的八大进化法则，是解决技术难题和预测技术系统的强大工具。

② 最终理想解（ideal final result，IFR）：技术创新追求（实际上是逼近）的高级目标。

③ 40 个发明原理：从全世界 250 万份高水平专利技术中，综合总结出的共性发明原则，为发明问题解决理论奠定了坚实的基础。

④ 39 个工程技术参数和阿奇舒勒矛盾矩阵（极简成一张表）：系统中产生工程技术矛盾的两个工程参数，可以从矩阵中快速查找出化解该矛盾的发明原理。

⑤ 4 种物理矛盾的分离原理：技术系统的工程技术参数出现相反需求时，便产生物理矛盾。共有 11 种分离方法用于解决物理矛盾。

⑥ 物—场模型分析：用于建立与已存在的系统或新技术系统问题相联系的功能模型，进而找出技术难题的突破方向和技术创新解。

⑦ 发明问题的标准解法：5 个发明等级、18 个子级、76 个标准解法，将标准技术问题的解决快速推进。

⑧ 发明问题的标准算法（ARIZ）：针对非标准技术问题的一套解决算法及其 9 个步骤。

⑨ 物理效应及现象知识库（即科学效应库）：100 个创造发明常用的科学效应，分属 30 个分类，可快速选择和应用在技术难题的解决过程中。

TRIZ 是高度成熟的创新理论和十分完备的创新方法体系。其科学性、体系性、有效性和实用性毋庸置疑。即使不能全部被深刻理解和熟练应用，也足可以启发和推动工程师进行更高等级的发明创造和技术创新。创新方法可提高技术自信，少试错，少经历失败之痛，加快创新进程，提高成功概率，提高科技创新的质量。

TRIZ 还有两个特殊价值：一个最大收获存在于新产品的概念设计阶段。技术概念是高级技术，设计和定义新的技术概念，是突破性原始创新的最佳起点。由此才产生科技创新的新命题、新课题、新项目。二是以周密的技术逻辑思维和科技创新新方法去高效优质地解决科技创新难题，摒弃科技界习以为常的试错法（即尝试法，这是劳民伤财、成功概率低的笨拙方法）。

2. 从定性到定量综合集成法

钱学森院士于 20 世纪 80 年代末，主导创建了“从定性到定量综合集成法”。这是科学方法论的创新和发展，是研究复杂巨系统和复杂性问题的方法论，其中的综合集成法就是人机结合获得知识和智慧的方法论。1990 年提出的“从定性到定量综合集成法”被钱老高度赞誉为“中国原创的方法论”，是可以和工程控制论、系统科学并列的又一次重大贡献，可认为是创新方法论中国流派当之无愧的代表。

从定性到定量综合集成法，也可以认为是普遍使用的方法论。只要不违背其核心本质和精髓，普通工程师完全可以把它当作科技创新方法论来应用。以一个工程师的技术思维从字面解读“从定性到定量综合集成法”，有紧密关联又逐步推进的四层含义：一是从定性开始；二是推进提高到定量；三是归纳总结，进行综合；四是产生系统集成的创新成果。四者当中，定量最为关键，也是最困难的。科学试验、科技创新的活动和过程可能很漫长，试验操作特别艰辛，目的只有一个，就是尽可能获取可以重复的、准确的定量数据，在此之后，就是综合和集成的问题。即从整体上综合研究和解决问题。最终成功的结果才是可预期的。

从定性到定量综合集成法，简洁易懂，关键在于应用，特别在研究比较宏观的复杂巨系统时，是最适用、有效的方法。因此，它和系统学又有紧密的联系，系统科学和数学是它的方法基础。

3. 系统集成法

《周易》是中国传统文化最古老的典籍，博大精深的哲学著作。

著名文化学者易中天在“周易的启示”中认为《周易》的意义在于提供了一种世界观和方法论，并进一步归纳出《周易》的三条方法论：

抓住根本

掌握规律

建立系统

随着环保产业的爆发性增长，中国分析仪器产业已经迎来高速发展时期。其中，在线分析仪器工程应用的在线分析系统业态得以高度固化。在线分析系统的设计方法就是全行业通行的系统集成法，业内习惯称为成套供货。

系统集成法的理论基础自然是钱学森院士的系统学理论：技术系统的层级结构和系统的演化，协调与控制等诸多功能。这是技术系统的核心本质和精髓，表达出来竟如此简单明确。

系统集成法在分析仪器行业的认可度极高，被广泛推广应用。中国在线分析系统的设计水平和国际先进水平基本上已无明显差距，系统集成法功不可没。

4. 多目标整体优化设计法

2012 年第五届在线分析仪器应用及发展国际论坛中，浙江大学吕勇哉教授在技术报告《信息技术在过程分析仪（PA）系统可靠性分析中的应用》中提出“把 PA 的设计转化为一个优化问题”“建立相应多目标优化命题”。

在在线分析技术的工程实践中，直接将“多目标优化命题”新理念应用到在线分析系统（on-line analysis system，OAS）的优化设计，被取名为“多目标整体优化设计法”。[2]

分析仪器行业在线分析系统的研发设计，有相对固化的技术系统层级结构，其技术创新多以系统优化的面目出现，尤以“升级换代”的新产品形式最能产生技术创新成果。

所谓“多目标”，一方面从技术系统的层级结构优化：

① 微技术系统（简称微系统）：如取样探头过滤器。国际先进水平的LKF2型超微孔高效过滤器，完善协调了过滤精度高（0.3μm）和样气流阻力很小（<80Pa，1.0L/min）的关系。

② 小技术系统：如组合式样气处理部件。一个部件实现原来多个部件的全部功能。

③ 次级子技术系统：如取样探头系统。除取样探头实体之外，还包括反吹箱，PLC实施的脉冲式程控内外反吹扫系统。

“多目标”还要从功能和特性出发，去优化在线分析系统以及向上的在线分析系统集成（分析小屋集成）：

① 确保可靠性：将可靠性转化为长寿命周期设计，例如10年以上。

② 确保检测准确度：在线分析系统本质上属于计量设备，要提供准确的物质成分量信息。例如脱硫烟气排放连续监测系统（CEMS）的SO_2流失的控制，脱硝CEMS的微量逃逸氨流失的控制。

③ 满足新的国家技术标准的要求：例如CEMS的SO_2的控制要求，从2010年的50～200mg/m^3，降低至2014年的35mg/m^3，分析仪器及其广义抗干扰技术都面临优化升级的紧迫要求。

④ 做到样品处理系统的少维护，甚至免维护。

⑤ 控制制造和维护成本。

所谓“整体”，即所有的“多目标”不必分解后多次进行，而是在一次“升级换代”中整体性完成，以升级换代产品的整体业态，整体回应工程用户和企业面临的挑战及现实需要。

5. 联想类比法

联想是由一事物联想到另一事物的思考方法，属于心理学范围的思维活动，联想的心理基础是人的联想能力。增强联想能力的途径之一是增加知识和经验。钱钟书先生曾总结他进行文化艺术研究的秘密，就是“只不过能联想”，主张“打通研究”。

类比是一个哲学概念，相似比较之意。两种事务在某些关键方面相似，因此可能在其他方面也相似，也就是把表面上互不相关的各种不同的元素连接在一起。和爱因斯坦齐名的理论物理学家约翰·阿齐博尔德·惠勒研究宇宙科学的方法就有类比，并石破天惊地提出“类比引发洞察”，就是指类比能洞察科学奥秘。

联想和类比两者都有相似、相通之处，联想类比法是最为简单适用的创新方法，常是早先的引爆切入点。

6. 组合创新法

组合方法也是一种常用的创新方法。它是指按照一定的技术需要，将两个或两个以上因素通过巧妙组合，再获得具有统一整体功能的新技术产物。

组合法的理论基础：一是事物普遍联系原理，二是技术系统的结构与功能。

组合有功能综合之意，以组合求发展，由综合而创造，已成为当代技术发展的主流模式之一。“综合即创造”最能诠释组合创新法的技术内涵。

多项组合型技术已占据技术发展的主导地位，这和技术越来越复杂的趋势相符。常用的组合法类型有：原理组合、功能组合、结构重组、模块组合、系统组合等。

在线分析系统要采用多种不同原理的样气处理部件，艰难地完成特定的功能。在其协调进化的优化设计中，创造出一类组合式高效样气处理部件：一个新的独立部件完成了原来几个部件的全部功能。例如：LKP307型组合式高效除雾过滤分离器，就代替了原来气水分离器、过滤器、除雾器、快速旁路器等共四个传统部件的全部功能，整体结构缩小，成本降低，少维护特性提高。这类组合式样气处理部件既是结构重组，也是原理和功能组合。

7. 最简化法则

简单是很古老的智慧，在现代更有非同凡响的解读和发挥。简单化的方法是科技创新中最简单、适用和有效的方法。国外盛行的最简化法则，表达为KIS（keep it simply）思想，美国成功企业之星解密的成功秘诀，竟是“将复杂的事情简单化”。

中国传统文化崇尚简单，最古老的典籍《周易》中就有“大道至简至易”的真谛。简单，在当今更受推崇。高水平的东西，就是一听就懂的东西，是最简单的东西。最简单的设计，才是最优秀的技术设计；最简单的技术路线，才是最可靠的成功之路；最简单的科技创新方法，可能会有出人意料的高效率、低成本和最好的质量。

史蒂夫·乔布斯创造苹果奇迹的秘诀之一，就是他极其善于运用简单的创新方法。他说：“这一直是我的一个秘诀——专注和简洁。简单比复杂更难，你必须付出巨大艰辛，化繁为简，一旦你做到了，你便能创造奇迹。”乔布斯的设计哲学，就是不断简化，苹果十大管理戒律的第六条便是“极简主义”。

钱学森院士主张“删繁就简”。上海大学原校长钱伟长院士说：“科技就是把复杂的事情简单化。”获国家最高科学技术奖的王小谟院士，被誉为中国预警机之父，他自称“致力于把复杂的事情简单化”。

人世间所有繁复的过程，都应有简单的回归，这是具有哲学内涵的规律。简单，不但具有方法论的普遍意义，而且是一种高明的生存智慧。以简驭繁的最简化法则，就是这样深入科技创新的核心现实，成为科技表达的艺术，科技创新的锐利武器。

8. 综合补偿法

技术设计中习惯于采用平衡原则，或者称为对称原则，这已经是久远的传统。但是，由于技术的复杂性和技术系统的特殊性，产品的复杂性还在不断提高，产品在实际生产制造完成时，仅仅只是直观的平衡或对称。很可能并没有达到事实上的真正平衡或对称，即是虚假的平衡或对称。具体原因十分复杂，如元件、零件、部件技术性能的分散性，生产工程中的随机性等。产品在工程上实际运行时，就不可能实现平衡或对称设计所预期的技术效果。这就得在产品技术方案设计及产品结构设计、工艺设计时，采用人为打破平衡的方法（可理解为欠平衡），以追求真实的平衡，即打破对称以追求真实的对称的补偿法。造成虚假对称或平衡的原因极难一一找出，连定性都有困难更不可能定量。补偿法就不可能一个一个地去单独补偿，只能用一种方法、一种工艺、一种技术措施进行综合补偿，也是综合补偿法的技术创新思维，也是综合补偿法新的技术概念。

9. 尝试法

尝试法也叫试错法，是长期习惯性的常用方法，有的科技人员甚至十分辛苦地用了一辈子。尝试法就是将想到的所有技术方法和技术方案都尝试一遍，期望能够从中得到满意的结果。尝试法基于发散思维，其预期不明、耗时长、成本高、很费力、效果差，笨拙是对其很客气的评议。

当 TRIZ 在苏联推广时，在彼得堡开过一次 TRIZ 交流会。有个发明家找到阿齐舒勒，悔恨知道 TRIZ 太晚了，尝试法耗去了他大半生的精力。

尝试法即便不被摒弃，至少应该谨慎使用，绝不应该成为优选的主打方法。

10. 优选法

优选法也称 0.618 法。是以数学原理为指导，按 0.618 的试验区间不断收敛，合理安排试验，以尽可能少的试验次数，尽快地找到设计、生产和科学试验中最优方案的方法。优选法由美国数学家 J. 基弗于 1953 年提出，20 世纪 70 年代改革开放初期，由于著名数学家华罗庚教授的积极推广，曾经盛行一时。

优选法无疑要比尝试法好，因为尝试法是按预想的各种方法，不断地尝试着去做。而优选法却有确定的规则，较高效率地去做。

优选法也有明显的局限，它是单参数方法，是单个参数的优选，这可能是它最大的缺点。如果参数是多参数，最初选择的参数如果并不是主要参数，其试验效果肯定十分有限。如果对多个参数分别优选，实际上也类似于尝试法了，极有可能会漏掉最佳的参数组合，要接近或达到最终理想解，恐怕不可能。

现在很少有人再提及优选法了，虽然它仍有其理论依据及合理性。

结 束 语

好的科技创新方法有很多，谁都不得不学，谁都不得不有所选择地用。但是，不在于你学了多少种创新方法，关键在于你是否领悟了该方法的技术真谛，自己是否有勇气和耐心，在科技创新实践中去长期体验和应用，最终内化成为自己得心应手的科技创新利器，助力自己成长为卓越工程师。

法无定法，师法而不故步自封，遵从“有效方法论”。有效果的方法，就是适用的方法，也就是好方法。每个工程师都可以潜心探索和创造出自己的新方法。

任何一项科技创新实践，都很可能需要同时结合多种创新方法，这就有了“综合方法论”的概念。

参 考 文 献

[1] 杨清亮．发明是这样诞生的：TRIZ理论全接触［M］．北京：机械工业出版社，2006.

[2] 金义忠，姜培刚．在线分析系统基础理论和优化设计的探索研究［C］//第六届在线分析仪器应用及发展国际论坛论文集．北京：中国仪器仪表学会分析仪器分会，2013：151-159.

综合补偿法的应用

引　言

综合补偿法在本书“极简创新方法论”一文中已有简述。

本文将对综合补偿法作进一步阐释，并对同类近似的其他创新方法予以分析评议，以证实综合补偿法具有广泛的方法论意义，从中洞察人类智慧相通的秘密。其中有的方法成功“挑战不可能”，有非常好的启发和示范意义。

1. 综合补偿法的提出

1974 年，金义忠老师作为技术员，首次承担了 CJ 系列磁力机械式氧分析器的电器设计任务，其中一部分工作就是要设计直流稳压电源。那时的晶体管电路技术基础几近为零，仅有一小册技术参考资料。上海市卢湾区（现调整至黄浦区）工人夜校晶体管电路方面的教材，说差分放大器的稳压系数小，差分放大器的差分对管还必须按 V_{bc}、β、I_{cbo} 三个技术参数挑选配对，为此还要在其中一个的基极回路中串联一个平衡电阻 R_p，如图 1 所示。

$$R_p = R_1 /\!/ R_2 - R_3 /\!/ r \approx 650(\Omega)$$

稳压电源测试中，观察到三个不符合设计预期的技术细节：

① 差分对管配对差的，有的比配对好的稳压性能还好，说明配对再认真，也未必真正配好了对，其平衡性（即对称性）并不是真实的平衡。

② 加上平衡电阻 R_p 之后，差分对管的外电路整体是平衡了，但有时

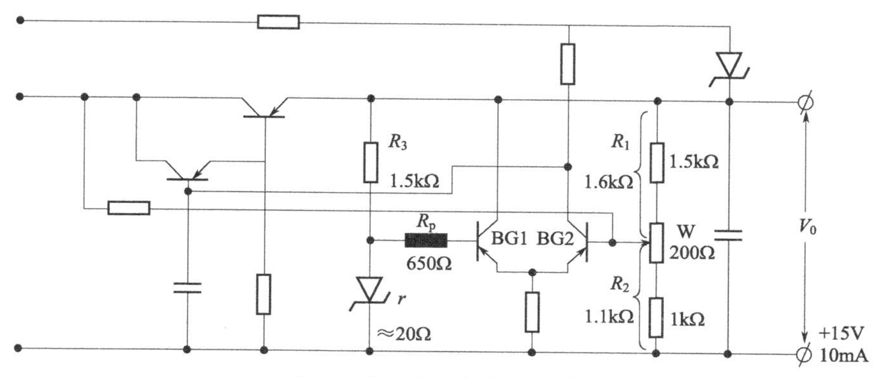

图 1　差分放大电路（局部）

不加 R_p 的稳压性能会更好。说明加平衡电阻 R_p，也未必真正实现了整体电路的平衡。经过深入技术思索之后，有了一个惊喜的意外发现：如果改变 R_p 阻值，造成欠平衡，就能够人为调节稳压电源的稳压性能。

增加 R_p 是为了使外电路达到理想状态的平衡，而现在要改变 R_p，是人为地使平衡电路处于“欠平衡”状态。

稳压电源长期运行稳定性的最大影响因素是环境温度。R_p 可以用于调整环境温度的影响偏差。

经过进一步研究，将平衡电阻 R_p 用作克服一切影响因素的综合补偿，由寻求差分放大电路真实的平衡或对称，外延扩大到整个稳压电源的真实平衡，由此提出了“综合补偿法”。由于所有电子仪表的稳定性，最大的影响因素除交流电源变化之外，都是环境温度的影响，因此这种综合补偿，更准确的定义应该是综合温度补偿法。

本例再进一步试验，综合补偿电阻 R_p 每增大 10Ω，温度每升高 10℃，会改变温度漂移－0.135mV，如果某仪器要做 20℃升温试验，产生的温度漂移实测是＋0.8mV，定量确定 R_p 应该改变的阻值是：

$$\Delta R_p = \frac{-(+0.8\text{mV})}{(20℃/10℃)} \div (-0.135\text{mV}/10\Omega) = +30\Omega$$

将 R_p 改变为 650Ω＋30Ω＝680Ω，该稳压电源即可获得更高的稳定性，从而实现了低漂移。

此项综合补偿法撰写成论文“直流稳压电源的综合温度补偿”，发表在《电测与仪表》[1]，得出简单明确的结论：遵循定性分析，定量估算，实验调整的原则。

试制成功的 CJ 系列磁力机械式氧分析器，获 1978 年全国首届科学大会奖状。

2. 综合补偿法用于运算放大器

运算放大器的设计制造，运算放大器应用时的电路设计，都在追求高稳定性，特别是受环境温度影响的高稳定性。采用综合补偿法对提高放大器的稳定性也很有效，如图 2 所示。

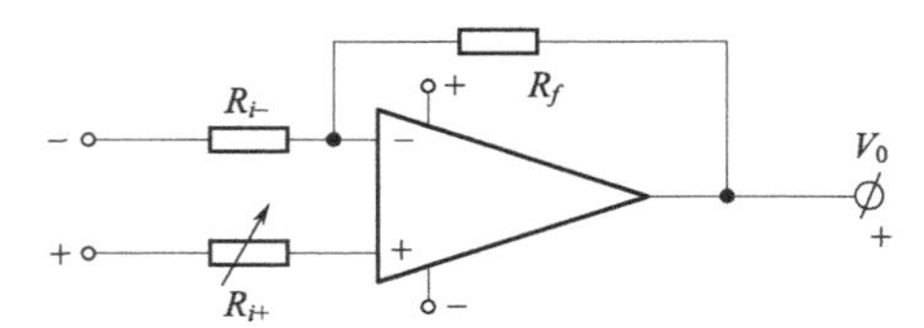

图 2　运算放大器应用的原理电路图

放大器的放大倍数为 $k=R_f/R_{i-}$，运算放大器正负输入端的输入电阻是平衡设计（即对称设计），例如都是 1kΩ。各种影响因素的影响，都会最终集中到放大器输出 V_0 的稳定性上来。如果稳定性差，这可等效为运算放大器的两个输入电阻只是虚假平衡，而事实上并不平衡。技术措施很简单，根据放大器输出 V_0 正漂移或负漂移的具体特性，定量估算出 R_{i+} 的阻值应该增大或减小的阻值，合理改用新的 R_{i+}，人为地将直观上的平衡改为“欠平衡”，即可实现运放输入端事实上的平衡。放大器实际应用的这种高稳定性，技术本质也是综合温度补偿。

综合补偿法的此类应用，最典型的案例是成功用于高精密稳压电源的研制。

3. 综合补偿法在低漂移传感器上的应用

热导式气体分析仪是分析仪器行业的第一种气体分析仪，技术史长达 63 年之久。稳定性是所有分析仪研制的最大困难，热导分析仪也不例外。1984 年，金义忠老师参与 RD100 系列热导分析仪的研制任务，采用综合补偿法成功研制低漂移的热导传感器，实现了该分析仪产品的升级换代。

低漂移热导传感器的低漂移桥路原理如图 3 所示。

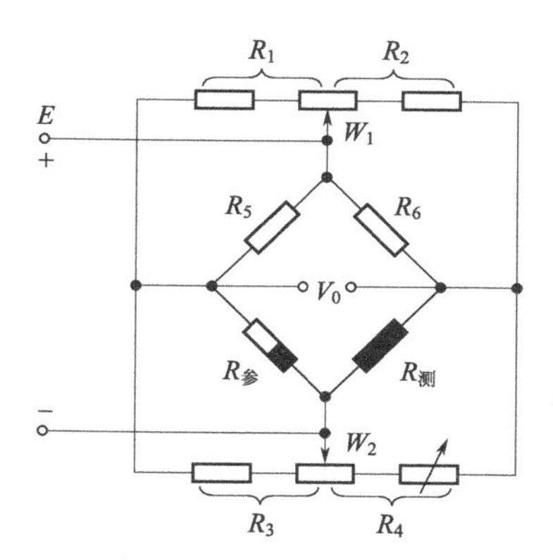

图 3　低漂移桥路原理图

为了保障必需的稳定性，所有的惠斯通电桥都会选择参比测量法，图中的 $R_测$、$R_参$、R_5、R_6 组成第 Ⅱ 对称式参比测量电桥。深入的试验确切证明，第 Ⅱ 对称式是常见的 4 类电桥中稳定性最好的。$R_测$ 为测量敏感元件，$R_参$ 为参比敏感元件，$R_测$ 和 $R_参$ 要细心配对，R_5、R_6 为低温度系数的精密线绕电阻，$R_测=R_参$，$R_5=R_6$。形式上完全平衡（即完全对称）。$R_4=R_3$，$R_1=R_2$，4 个精密线绕电阻（加上电位器的部分阻值）组成补偿电桥，形式上也是完全平衡的（即完全对称）。两个电桥组合成第 Ⅱ 对称复合电桥。

由于热导敏感元件配对的分散性差异，电桥对电路的影响，电桥及传感器结构的影响等，都会集中反映到传感器的输出信号 V_0 上来，V_0 也就是热导分析仪的输出信号，电桥的稳定性决定了分析仪的稳定性。低漂移是此项研究提出的新概念，因为采用了综合补偿法，能对电桥检测器进行漂移的补偿调节，从而实现分析仪的高稳定性，图 3 中的 W_1 用于独立调节分析仪的零点工作状态，由于与敏感元件不相关，所以不会改变及恶化稳定性。而 W_2 是独立调节分析仪稳定性的，因为它改变了敏感元件的并联电阻，也就改变了敏感元件的工作电流；虽然 W_2 也会改变分析仪的零点，但可以再用 W_2 予以纠正。采用 W_2 的技术本质，可以理解为是人为地改变直观的平衡或对称的“欠平衡”，以追求电桥事实上的平衡或对称，是站在稳定性的技术视角的。

老产品的预热时间要 120 分钟以上，都很难真正达到稳定状态，RD100 系列热导分析仪的预热时间大幅缩短至 6 分钟以内，稳定性提高超过一个数量级。此项研究成果撰写成论文“双调零低漂移敏感电阻电桥”，发表在《仪器仪表学报》[2]。

2013年至2016年，金义忠老师再次对热导式气体分析仪的稳定性进行了更深入的研究，仍然采用第Ⅱ对称式复合电桥的技术结构和综合补偿法，但是追求的技术目标由低漂移升级为接近零漂移。深入研究之后，取得了两项发明专利，撰写了两篇论文：“热敏电桥传感器技术的突破性研究”[3] 和“低漂移热敏电桥传感器的微观技术揭秘”[4]。和北京泰和联创科技有限公司姜培刚博士合作，研制的LKA100R型热导式气体分析仪，取得了突破性的超高稳定性：实测零点漂移近乎为零（7天试验的末位显示值无变化），7天内量程漂移为0.18%，仪器开机（即预热）的零点稳定性曲线，如图4所示。

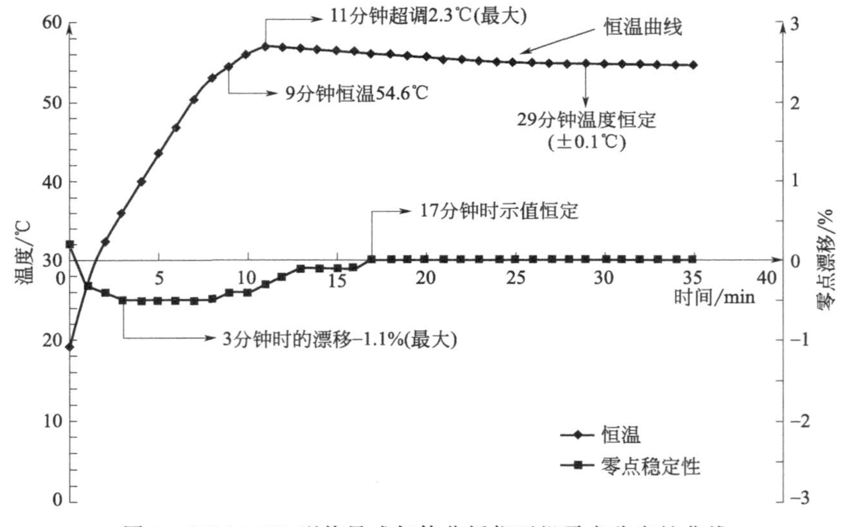

图4　LKA100R型热导式气体分析仪开机零点稳定性曲线

由图4可见，仪器从通电启动开始，仪器偏离最终稳定值的最大值是－1.1%FS（满刻度量程），发生在仪器开机后3分钟之时。仪器传感器恒温达到了54.6℃的控制值，是在9分钟之后，在3分钟之际只有36℃，从零点稳定性曲线不难得出如下初步结论：

① 分析仪几乎不受环境温度变化的影响。

② 分析仪一接通电源开机，不必经过2小时以上的预热时间，即可进入稳定运行状态。这或许是当时在线分析仪表行业最为稳定的分析仪了。

综合（温度）补偿法在提高仪器仪表稳定性方面，的确有特效。

4. 飞船控制也用综合补偿法

2016年劳动节，金义忠老师受邀参加母校江津中学的110周年校庆活动，在学校的晚宴上，和飞船控制专家陈祖贵先生同席，他是比金老师高四届的老校友，航天英雄杨利伟是他的学生。在和校长们的交谈中，他谈及我国航天飞船返回的控制精度能够精准到两公里，而另一大国却大到400公里。此时校长插话："我国陀螺仪的精度不是不高吗?"他解释说："我国陀螺仪的精度的确不高，但是，我是采用先检测，然后补偿的方法，便可将飞船返回着陆的精度控制在两公里。"2020年12月17日1点59分，嫦娥五号飞船着陆舱的着陆精度是更精准的1.5公里。

陈祖贵先生所用的补偿法绝不是单一因素的补偿，而是以提高着陆精度为最终目标的综合补偿。所以，从技术上分析，也可以说他用的是综合补偿法。

5. 动态补偿在第三代核电站上的应用

2019年1月8日，凤凰网上有篇《打造华龙一号"中国芯"的年轻人》的报道。棒控棒位系统是核电站核反应堆能量的控制系统，是我国第三代核电站可靠运行的关键设备，棒位设备现场调试的工艺复杂，平均需要半个月时间。年轻工程师何正熙带领的团队承担了攻关任务，这个难度的科研攻关惯例需要三四年，但"华龙一号"工程要求一年左右完成，难度非常大。他观察到自行车车把摔歪后，"歪骑"反而能走在正确的方向，由此受到启发，采用类似自行车"歪骑"那样的动态补偿，就可以将棒位偏差补偿掉，提出了全新的棒位测量技术，棒位设备的调试时间大大缩短为两天左右，而且是全自动操作。核电站调试关键路径的时间也大为缩短，核电厂的经济效益显著提高。他用380天完成高难度科技攻关任务，创造了国际先进水平。

何正熙工程师采用的动态补偿仍然要以最终确保正确的棒位作为补偿目标，不可能是单一因素的补偿。所谓动态，即操作过程随机出现的棒位偏差也要进行补偿。所以，从技术本质分析，这种动态补偿也可以认为是综合补偿法。

年轻工程师何正熙不愧是在工程实践中修炼出来的卓越工程师。

6. 欠平衡法在开发高产油井上的应用

郭永峰高级工程师有40年海洋与陆上石油钻井的工程经验，是由海洋石油到陆地石油高级技术层工作的石油专家，拥有美国国家深水钻井技术发明专利，在美国OTC及SPE等国际会议发表科技论文十余篇，任《中海油田工程技术（中英文版）》主编。

渤海油田开发35年，在陆地20平方公里范围内打了500口油井，每天平均产油还不到10吨，而近在咫尺的渤海油田海上油井是与英国、美国、法国等国家的石油公司联合开采，连续10年的油井均产量都是陆上石油的10倍。石油系统内高层对这一现状感到担心，找到在中海油田服务股份有限公司工作的郭永峰，郭永峰高级工程师便转战陆上油田。

1997年，郭永峰以总经理顾问身份，每个星期的周末去渤海油田工作，参与设计和组织施工，一年以后打成了BS-7号超深井，单井每天产油1000吨，为国家发现了一个大油田，成为中国大陆当时最重要的石油发现之一。

郭永峰出版了专著《BS-7井钻井现场手记——海洋石油钻井技术在陆地油田的初步应用》[5]，收录了他在BS-7井施工现场撰写的38篇“情况反映”报告。

2002年，郭永峰在美国召开的《世界石油钻井SPE/IADC（石油工程师及石油承包商）》年会上，发表长篇英文论文《以欠平衡方法改进勘探深井的钻井过程及在中国BS-7井的应用》，受到国外石油公司的高度重视。

似乎可以这样认为，将陆地石油和海洋石油联想类比，才发明了欠平衡法，这正好验证了惠勒的那句名言：类比引发洞察。

科技人员长期习惯平衡和对称的原则，郭永峰采用的欠平衡法是对原来传统平衡方法的质疑。虽然笔者并不知晓欠平衡法具体的专业技术表达，以及是否还存在某些技术局限，但是可以理解追求最终的油井高产具有天然的合理性。以欠平衡法消除造成产油量低的各种技术影响因素，必然也有综合之意。欠平衡法似乎也具有综合补偿法的内涵。因为，综合补偿法的突破点和核心就是“欠平衡”，本小结看重的是欠平衡的方法论意义。

7. 补偿温度影响的反向系统

南京理工大学的王泽山院士，是2017年度国家最高科学技术奖得主，著名的火药专家，全能的材料专家，曾三次荣获国家科技大奖，成为科技界的“三冠王”，业内称其“火药王”。

王泽山院士系统研究了发射药及其装药理论，发明了低温感技术，显著提高了炮弹的发射效率，使发射威力超过国外同类装备的水平，攻克了低温感火药的世界性难题。这项“低温度系数发射药，装药技术及加工工艺”荣获1996年国家技术发明一等奖。

王院士在《开讲啦》电视节目中，对他的低温感技术火药做了极简说明：作为发射药的火药，其化学反应的速度极快，反应速度随温度的升高呈指数升高，每天环境温度变化10℃是很正常的，何况是高温可高达50℃以上，低温可低至－30℃以下。他发明了能够补偿温度影响的新材料（注意“补偿”一词）、新工艺以及新的结构，目的是建立一个补偿系统，使原来的技术系统（他看作是正向系统）和新建立的反向系统合在一起，就不受环境温度的影响了。

王院士的科研方法论实在高明，所以才修炼成了绝技，用系统学的理论给出了补偿概念准确的技术定位，新的技术概念“补偿系统”和“反向系统”，就是他们科研方法论的精髓。他的研究和发明绝不单是一个火药的配方问题，而是新材料、新工艺、新结构综合而成的补偿系统，将其看作更高明升级版的综合温度补偿法，似乎也能让人容易想得通。

8. 从定性到定量综合集成法的再审视

钱学森院士主导创建了“从定性到定量综合集成法”，如果冒昧将其拆解成关键词，就有“定性、定量、综合、集成”四个关键词。金义忠老师1976年的论文“直流稳压电源的综合温度补偿”，结论中总结有“定性分析，定量估算，实验调整”的原则。整理出的关键词有“综合、补偿、定性、定量、调整”五个，其中“定性、定量、综合”这三个关键词是完全重合的。这不是意外的巧合，只能说明，综合补偿法和从定性到定量综合集成法从方法论的内涵方面体会，是能够高度融通的。

结　束　语

① 科学技术的基础是人类的创造力，追求的目标是真理的普遍性。工程师的智慧能够开创新的创新之路，在追求深刻性、普遍性和富有意义方面，一定有所表现和作为，工程师的责任心起着无可替代的推动和支撑作用。

② 本文有关综合补偿法的诸多成功案例表明，综合补偿法就是具有这样的深刻性、普遍性和富有意义，有时甚至还很神奇。是否全部称为综合补偿法并不重要，也无必要。但是，他们的技术创新思维和创新技法基本是高度相似的。这充分说明，人类智慧是完全相通的，方法论才有可以推广应用的价值。综合补偿法就这样深入到科技攻关的核心现实，带着不因循守旧的力量，一次次地创造奇迹。

③ 综合补偿法创新思维的技术逻辑（路径）如下：

（初始创新冲动）		（习惯性思维）		（整体真实的平衡）		（微观技术和宏观技术的协调）
最初的不平衡	⟶	直观的平衡	⟶	新的平衡（欠平衡）	⟶	实现最佳整体技术目标
（显而易见）		（采取技术措施）		（人为地重新打破平衡）		（技术系统的最终理想解）

④ 综合补偿法的核心和突破点是“欠平衡”，正是“欠平衡”点中了“综合补偿法”深藏的玄机，读者可因此产生顿悟，成为灵活应用此法的契机。

⑤ 综合补偿法的核心本质归纳如下：

- 改造和优化了原有的技术系统；
- 锁定最具代表性的核心技术指标或整体功能特性；
- 重点突破两个技术维度的影响和制约：一是应用时的环境温度，二是长时间周期；
- 深入到定量层面，其技术价值才更可靠，才有持久性；
- 实施操作一定要简单化，甚至是极简。

参考文献

[1] 金义忠．直流稳压电源的综合温度补偿 [J]. 电测与仪表，1976 (3)：23-26.

[2] 金义忠．双调零低漂移敏感电阻电桥 [J]. 仪器仪表学报，1986，7 (3)：264-270.

[3] 金义忠，姜培刚．热敏电桥传感器技术的突破性研究 [J]. 分析仪器，2014 (4)：72-76.

[4] 金义忠．低漂移热敏电桥传感器的微观技术揭秘 [M] //在线分析技术工程教育. 北京：科学出版社，2016：144-150.

[5] 郭永峰．BS-7 井钻井现场手记——海洋石油钻井技术在陆地油田的初步应用 [M]. 北京：石油工业出版社，2000.

计算机算法设计的创新方法

1. 极简算法综述

对于计算机科学来说，算法的概念至关重要。通俗地讲，算法是指解决问题的方法或过程。好的算法，实现既定需求的复杂度低、执行效率高。针对具体课题，对解题方法的优化设计过程，就是算法设计。

算法是计算机科学领域最重要的基石之一，但却受到了国内一些程序员的冷落。一些公司在招聘时要求的编程语言五花八门，使应聘者产生一种误解，认为学计算机就是学各种编程语言，或者认为学习最新的语言、技术、标准就是最好的学习路径。编程语言当然应该学，但是学习计算机算法和理论更重要，计算机语言和开发平台日新月异，但万变不离其宗的仍是那些算法和理论。算法思维更是方法论在计算机世界的具体表现。李开复先生生动地把算法课程比拟为“内功”，把新的语言、技术、标准比拟为“外功”。同时修炼进而具备这种内功和外功，才有可能成为计算机高手。

2. 初级算法概述

针对不同应用项目，计算机科学家设计了不同的优化算法，下面以顺序查找和折半查找（又称二分查找）两种经典查找算法为例，阐述算法演化的逻辑和对创新方法论思维的启示。

时间复杂度是衡量算法优劣的重要指标之一。

（1）顺序查找算法

顺序查找基本思路是：从线性表的一端开始，逐个检查关键字是否满足给定的条件。若查找到某个元素的关键字满足给定条件，则查找成功，返回该元素在线性表中的位置；若已经查找到表的另一端，还没有查找到符合给定条件的元素，则返回查找失败的信息。例如查找6是否在3，1，4，2，7，9，8，10，5，6，0中，若存在，返回对应位置。根据算法执行原理，从3开始，依次向右查找，经过10次比对后查找成功。若待查找数据序列规模为n，该算法的时间复杂度为$O(n)$。

（2）二分查找算法

二分查找是一种效率更高的方法。但是，二分查找要求线性表必须采用顺序存储结构，而且表中元素按关键字有序排列。假设表中元素按升序排列，将表中间位置记录的关键字与查找关键字比较，如果两者相等，则查找成功；否则利用中间位置记录将表分成前、后两个子表，如果中间位置记录的关键字大于查找关键字，则进一步查找前一子表，否则进一步查找后一子表。重复以上过程，直到找到满足条件的记录，使查找成功，或直到子表不存在为止，此时查找失败。例如，查找9是否存在于“0，1，2，3，4，5，6，7，8，9，10”中，首先找到列表中间数字5，因9大于5，去掉5左边的数据0～4，在右边列表（5～10）中继续找中间位置数字8，因9大于8，再去掉左边数据（5～7），在右边列表（8，9，10）中继续查找，继续找中间位置数字9，与待查数据9相等，查找成功。经过3次比对后查找成功。若待查找数据序列规模为n，该算法的时间复杂度为$O(\mathrm{logN})$。

查找算法是计算机科学领域的入门级算法，因其简单易懂，故以此算法为例，引申出算法思维背后的重要意义——创新思维和创新方法论的启示。下面，将以高级算法设计为例，简述算法优化的创新方法论意义，使创新有迹可循。

3. 算法设计的方法论意义

3.1 算法设计的方法论启示

假设一个搜索引擎上，有32亿个网页，每个网页对应1个数字。用顺序查找算法搜索指定网页，最坏情况下，要匹配32亿次。用二分查找法，每次查找后，工作量折半，仅需要32次。由此案例可知，可以按比较直观的方式解决问题，但同类问题数量增大时，如互联网上的数据、大数据系统中出现的问题等，必须考虑怎样做才能更简便、更高效。采用行之有效的创新方法处理具体问题，尤为重要。

从以上查找算法示例中，可以获得创新方法思维的启示，这种思维不仅适用于计算机科学本身，同样适用于其他创新领域，这才是创新方法论普遍的本质意义。

3.2 创新方法论助力算法设计升级换代

(1) 联想类比法——旧方法、旧模式在新领域中的新应用

遗传算法（genetic algorithm）是模拟达尔文生物进化论的自然选择和遗传学机理的生物进化过程的计算模型，是一种通过模拟自然进化过程搜索最优解的方法。它最初由美国Michigan大学约翰·霍兰德教授于1975年提出，并出版了颇有影响的专著*Adaptation in Natural and Artificial Systems*[1]。

达尔文的自然选择学说认为，生物要生存下去，就必须进行生存斗争。具有有利变异的个体容易存活下来，并有更多的机会将有利变异传给后代；具有不利变异的个体就容易被淘汰，产生后代的机会也少得多。在生存斗争中获胜的个体都是对环境适应性比较强的。达尔文把这种在生存斗争中适者生存，不适者淘汰的过程叫作自然选择。霍兰德教授受生物学说的启发，用计算机对生物系统进行模拟，基于二进制表达的概率搜索，用模拟遗传算子研究适应性。他类比生物遗传过程中的选择、交叉、变异功能，通过信息交换重新组合新串；根据评价条件，使概率选择适应性好的串进入下一代。经过多代“进化”，最后稳定在适应性好的串上。

遗传算法是生物科学领域关于生物遗传这种旧模式，在计算机科学领域中的全新应用，并获得了类似生物进化的优化升级效果。

人工神经网络（artificial neural network）又称连接机模型，是在现代神经学、生物学、心理学等学科研究的基础上产生的。它反映了生物神经系统处理外界事物的基本过程，是在模拟人脑神经组织的基础上发展起来的计算系统，是由大量处理单元通过广泛互联而构成的网络体系，具有生物神经系统的基本特征，在一定程度上反映了人脑功能，是对生物系统的

某种模拟，具有大规模并行、分布式处理、自组织、自学习等优点，被广泛应用于语音分析、图像识别、数字水印、计算机视觉等诸多领域，取得了突出成果。

人工神经网络是模仿脑细胞结构和功能，脑神经结构以及思维处理问题等脑功能的新型信息处理系统。

19 世纪，生物学家、神经学家经过长期不懈的努力研究，发现人脑的智能活动离不开脑的物质基础，包括实体结构和其中所发生的各种生物、化学、电学作用，并因此建立了神经元网络理论和神经系统结构理论。

计算机科学家为使计算机或机器能像人脑系统一样，会思考，能认识非线性的纷繁复杂的客观世界。借鉴神经学基础理论，从仿制人脑神经系统的结构和功能出发，设计出了一种非线性、与大脑智能相似的网络模型，即人工神经网络算法。由此可见，人工神经网络的创立并非偶然，而是科学技术充分发展的产物。遗传算法和人工神经网络算法是联想类比思维在算法设计中的集中体现。

（2）综合集成法

① 合理选择方法

方法只有优缺点，而没有好坏。当它被用在一个适合表现其优点而不在乎其缺点的场合里，就显得很适用；当它被用在一个不适合表现其优点而很在乎其缺点的场合里，就显得不适用。

由于能应对线性建模算法难以胜任的各种复杂情况，人工神经网络得到了快速发展。笔者曾采用 BP 神经网络建立谷物近红外光谱与其四项指标校正模型，进行未知谷物相关指标的检测。BP 网络的模型校正精度特别高，但验证精度却不如线性建模算法。经研究，发现谷物指标与相应近红外光谱近似一种线性关系，而 BP 网络是一类非线性映射算法，易出现“过拟合”现象。改用偏最小二乘回归（一种看似更“低级”的线性建模算法）后，获得了更好的泛化性能。

人工神经网络在复杂非线性系统应用中表现非常出色，具有对非线性系统的逼近能力好的主要优点，刚好是复杂系统应用场景所依赖的；也存在易陷入局部最小、泛化能力相对弱等主要缺点，非线性应用场景却并不在意。但是，人工神经网络在线性应用场景中，表现却不如简单线性建模算法稳定，因为线性系统对它所有的缺点都特别敏感，而对它的非线性逼近能力并不在意。

所以，方法没有好坏，只有相对的优缺点、适用或不适用。只有当方法的特性与应用场合的特性不合时，才能下结论说这方法不适用；当方法的特性与应用场景的特性吻合时，则下结论说这方法很适用。因此，一定要同时将方法特性与应用场景特性放在一起分析后，才能判断一个方法的适用性。

② 综合集成法的一次工程实践

创新方法总是为了解决某一具体应用场景中的具体难题提出的。因此，上述的方法分析与应用场景分析法，可以将突破性创新变得有迹可循。

建立精确的控制模型，是对复杂工业过程进行控制和优化的必要准备。模型准确才能保证优化成功，控制才有效。笔者曾参与氢氰酸生产过程优化控制项目，主要任务是针对这个应用场景设计一套适用的新方法。首先，分析了这个应用场景关心哪些问题特性。结论是特别关心特性 1（校正模型预测的准确性）和特性 2（随外部环境变化的适应性）。查阅资料后，发现人工神经网络统计建模方法具有良好的非线性逼近能力，已取得了很好的工业过程建模效果，决定采用人工神经网络对此过程建模优化。但人工神经网络是一种静态建模方法，获得的模型不具备随工业过程演化的适应性，也是此场景特别在意的缺陷。因此，必须考虑如何完善它。最简单的办法就是从文献中找合适的成熟方法和人工神经网络结合，得出一个更适用的方法。因为人工神经网络只在特性 2 中的表现不够令人满意，故优先针对在特性 2 上表现出色的其他方法加以研究。根据文献，在特性 2 上表现出色的方法有递归偏最小二乘（RPLS）和卡尔曼滤波。继而研究这两个方法和人工神经网络结合的可能性。RPLS 是基于线性模型的递归算法，工业过程属于复杂非线性系统，应排除；卡尔曼滤波的动态特性刚好可以被结合进神经网络法，从而改善神经网络在特性 2 上的表现。按这套思路，可以轻易完成一个人工神经网络方法的第一次优化，从而突破该应用场景没有适用方法的瓶颈。

当氢氰酸样本数量增大时，控制模型出现了发散现象。查阅资料了解到，系统观测噪声方差统计值的不准确会导致卡尔曼滤波算法给出的均方误差不准确，最终影响状态估计精度，甚至引起算法发散。

按上述套路，继续对人工神经网络进行第二次优化设计。经过查阅文献了解到，观测噪声方差进行统计的方法主要有小波变换和伽马测试。继而研究这两个方法与卡尔曼滤波结合的可能性。小波变换需要对观测噪声本身进行计算才可得到准确的观测噪声方差统计值，而实际工业过程的观测噪声往往是不确定的，故小波变换法对此场景不适用。伽马测试只需要对系统输入输出数据进行计算，可间接得到准确噪声的统计值，从而求取系统噪声方差。

最终，经过优选的三个成熟方法（人工神经网络、卡尔曼滤波和伽马测试），通过有效综合、集成，形成了一个全新方法，可称为“综合的方法论”，成功解决了氢氰酸生产过程优化控制这一特定技术难题。任何科技创新追求的“最终理想解”，都要经过一个类似的不断优化和逼近的过程。

大多数情况，只要应用上述“综合、集成”的分析技巧，就可以产生足以解决实际问题的创意。钱学森院士主导发明的“从定性到定量的综合集成法”具有普遍的方法论意义。

4. 计算机科学助力职业院校专业群建设

“专业群”是由一个或多个办学实力强、就业率高的重点建设专业作为核心专业，若干个工程对象相同、技术领域相近或专业学科基础相近的相关专业组成的一个集合。专业群建设一直是高职教育中的重要命题之一。2019 年，教育部、财政部《关于实施中国特色高水平高职学校和专业建设计划的意见》明确提出“建设高水平高等职业学校和骨干专业（群）”，笔者工作的重庆城市管理职业学院成功获批高水平专业群 A 档建设单位，如何实现“专业群”建设内涵目标，成为全校教职工讨论的热点话题。为贯彻落实国家战略，2020 年，该校启动了高水平专业群建设工作。笔者参与了课程体系、实训室体系实践研究。主要从提高群内专业教学资源共享度、形成优势互补、专业群可扩展的角度，进行机制体制改革。

研究主要问题与计算机科学领域众多应用场景所在意的指标极其相似。例如，计算机网络功能被计算机科学家分为七层，各层之间相互独立的好处是：

① 复杂问题分而治之；

② 层内灵活可扩展，有无限变化的自由度；

③ 易于实现与维护：每一层都是相对独立的子系统，易于实现与维护管理；

④ 能促进标准化工作。

（1）构建三层课程体系

经过联想类比，教研团队采用技术系统层级结构思维，构建专业群课程体系，按“产业链—技术链—岗位群—专业”的递进逻辑构建专业链，分析专业链中各专业岗位的典型工作任务，提取所需职业能力，形成专业课程；提取各专业课程交集构建专业共享课（基层）；提取各专业相异课程构成各自核心课（中层）；提取非本专业核心课程构建互选课（高层）。使学生能满足共性和个性发展的需要，适应“一岗多能、首岗适应、多岗迁移”的人才市场需求，凸显专业群的适应性，形成一套可推广、能移植的专业群课程体系。

（2）可动态配置实训室建设机制

计算机科学领域的传统实训室，大多按课程或专业进行功能设计。现代信息技术日新月异，区域产业融合需求动态更迭，传统实训室资源共享能力差，随需求变化的动态调整能力欠佳，成了制约专业群共享功能发挥的瓶颈。依据三层级课程体系，以职业能力为主线，按通用技能与专业技能分层构建专业教师能力体系，实现教师资源充分利用与高效共享。

数据库技术中，“实体关系图”描述实体之间的复杂关系，“范式”用于约束实体属性定义，使其具有更低的冗余度。“多对多”关系是两个实体之间最为复杂的联系，体现实体之间最紧密的关联度、强共享性；而“一范式”要求属性是不可分的基本维度，即要求属性的独立排他性。

借鉴上述理论，教研团队将技术链分解成技术单元（不可再分的独立单元），构建“技术单元—实训室”多对多映射关系；按岗位典型工作任务，开发实训项目，构建“实训项目—技术单元”一对多映射关系；打破传统实训室项目壁垒，根据实训项目需要，动态配置实训资源，构建了易扩展、可配置、资源充分利用与高效共享的实训基地和实训项目体系。使实训基地最大限度满足专业群内所有专业人才培养的共性与个性需求。通过内容动态配置，快速构建地区职业技能训练考核鉴定基地、技术开发应用与推广基地，持续为外部企业员工培训提供社会服务。

得益于计算机算法设计提出的方法论启示，在专业群建设过程中，笔者强调借鉴多元技术领域众多方法，在处置问题之初，总是会充分联想、整合资源、综合分析，有意识地采用最优化方法开展教学工作。

5. 算法设计创新思维助力卓越工程师的修炼

(1) 有助于提升技术信息检索能力

寻求解决具体问题的突破口时，首先要快速、充分收集有用信息，明确到底要用什么样的关键词，在什么地方能快速、充分获取与应用场景密切相关的文献。筛选出有用的技术信息，这是将成熟方法有效集成的第一大挑战。

(2) 有助于增强技术资源筛选能力

只读文献的题目、摘要、简介和结论，就敏锐地判断出相关资料中是否有值得参考和可资利用的内容，快速地把需要仔细读完的信息从数百条减少到几十条甚至更少，提升工程师资料及信息筛选的能力，从有用技术信息中发掘出可资利用的技术资源。

(3) 有助于综合成稳健的创造力

若创新只凭一时偶然的巧思，将无法系统挖掘这些巧思背后的内在关系。为确保创新这种高端能力能被稳定输出，需要考虑如何将创新过程转化成一套有迹可循的模式，这是卓越工程师最应该修炼的能力，它看得明白，讲得清楚，用得有效，这就是创新方法论。创新方法论的学习、应用及延展，是卓越工程师的必修课。

参考文献

[1] Holland J H. Adaptation in natural and artificial systems [J]. Ann Arbor: University of Michigan Press, 1975, 6 (2): 126-137.

下辑
卓越工程师是能够炼成的

创新思维

教育的最终目的是促进人一生的全面发展。

人类有共通的情怀，人类智慧是完全相通的。

卓越工程师的技术生命S曲线，一定有一个“突破期”，

卓越工程师是能够炼成的。

卓越工程师全面发展的初心

引 言

具有持续性卓越创新能力的工程师，一定是卓越工程师。中国要建设创新型国家，强化国家战略科技力量，发展科技事业，卓越工程师是必需的。

卓越工程师是能够炼成的，这是我们坚定的信念，更是写作本书的初心和目的。卓越工程师虽然不大可能是“教”出来的，但是，卓越工程师后备人才毕竟已经有了“一生全面发展”的初心和基础，已经有了追求卓越的态度和卓越工程师梦想，这些都足够重要。只要在科技创新实践中长期实践和修炼，在科技攻关中经受高强度的锤炼，就很有可能成长为卓越工程师。本书试图对卓越工程师命题作一次现实理性的系统性思考和整体性探索，在卓越工程师层面提出一些基本的概念和法则，认真探寻有关卓越工程师教育培养及修炼的方向和路径。

1. 教育的目的

教育的本义就是促进人的发展，培养智力活动的习惯和独立思考能力。

经济学家李稻葵说：“教育就是人的能力的一种教育。”

施一公院士认为：“优秀学生的素质在于时间的取舍和方法论的

转变。”

著名哲学家李泽厚提出：“教育的最终目的是使人全面发展，这包括片面发展自己独特的潜能。”

尽管教育部推行“卓越工程师教育培养计划”已满十年，虽然刚走出校门的工程类学士、硕士和博士还不是现实意义的卓越工程师，但是，完全可以寄厚望于他们今后的自主修炼和全面发展，在工程实践和科技创新中成长为卓越工程师。

2. 关于卓越工程师的几个核心问题

(1) 锁定发展目标

工程类的学士、硕士、博士以及年轻工程师们，应该不忘初心，将卓越工程师作为自己一生全面发展的确定目标，作为一生坚持的追求，作为自己给自己的一个坚定信仰。

(2) 创新启蒙要早

受过良好高等教育的年轻人，理应有文化自主性和技术自主性，应该成为追求主动发展，奋斗进取的人，坚信自己就是自己发展和进步的第一推动者。创造是人的本质力量，创造需要启蒙，应该尽早深植创造这个强势技术基因。

18 世纪哲学家康德这样定义启蒙：启蒙指的是人类走出自我束缚的蒙昧状态，就是人们脱离了加之于自己的不成熟状态。不成熟状态，就是不经别人引导，就对运用自己的理智无能为力。

工程师的创新启蒙，就是在技术观念、技术思想和创新方法论等方面，脱离各方面（包括自己）施加于自己的不成熟状态，能更富有主动精神，有勇气和行动运用好自己的智慧，更充分释放出自身的潜能和创造力，对技术现实有更有效的洞察力，能够最终走出自我束缚的蒙昧状态，让启蒙成为永久的教益。

(3) 综合素质要高

工程师要修炼发展为卓越工程师，其高素质理应多元，不能只重视知识和智力，还得有科技与人文的交叉。所谓人文，就是以人为本的文化，关注人的成长和发展。在科学、技术、哲学、文学、艺术、历史（包括技术史)、经济、管理等之间建立起自觉的联系，并加以融合，这样的工程师就有了人文自觉和人文素养。融合了知识、智慧、原则性、责任心、毅力、社交、视野之后，这才算综合素质高。敢于担当、理性严谨、精益求精，这是技术背后的核心文化，也是工程师，特别是卓越工程师应该有的主体精神。

(4) 科技实践要持久

卓越工程师的成才过程是真正“马拉松”式的长跑，工程师从事科技工作时要耐得住寂寞，既能沉底，又能活跃在科技前沿，冲锋在科研和生产的第一线。甚至干一事，终其一生，证明自己为一生的全面发展负起了责任，一直在真正努力。工程师深入、持久、系统的科技实践，逐渐具有综合性，逐渐对科学技术的必然性规律有了深刻认识和有效把握，将过程和经历沉淀成了经验，内化成技术观和方法论，物化出科技成果，整个人生的高质量转变就会顺势到来。认真实现以工程为核心的工程化，并务实修炼工程能力，就能走上卓越工程师成才的正途。

(5) 卓越工程师的几个标志性表现

① 有自己长期修炼成的技术观和方法论；

② 有代表性的科技成果；

③ 有代表性的科技论文；

④ 有带领创新团队的实力和经历；

⑤ 经得起卓越工程师定义的比对和评议。

3. 卓越工程师的技术生命 S 曲线

卓越工程师至今尚无学术性的规范定义，难以和现有工程技术职称序列比对，卓越工程师或许是技术专家的后备人才，甚至就是技术专家的专用代名词。

根据苏联的“发明问题解决理论（TRIZ）”，技术系统和产品都遵循 S 曲线进化法则，S 曲线一般包括幼年期、成长期、成熟期和衰退期等阶段。

借用技术系统进化 S 曲线的表达方法，绘制出工程师和卓越工程师技术生命 S 曲线的显著区别，如图 1 所示。

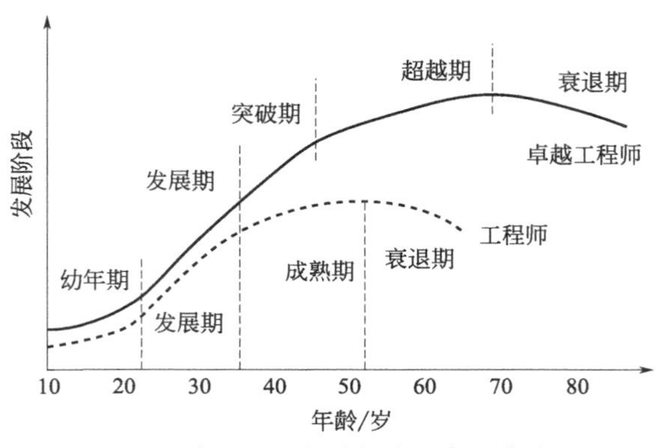

图 1　卓越工程师的技术生命 S 曲线

卓越工程师进化出来的突破期和超越期，很多高级工程师也未必有。突破和超越是卓越工程师发展进化的主要机制，也是其真实技术水平和贡献的标志，衰退期推迟到 70 岁之后，甚至 80 岁，更是他们追求全面发展的最好回报与收获。

4. 卓越工程师培训方法

刚走上工作岗位的高校毕业生，还不是真正现实意义的卓越工程师，从工程界的视角看，他们还需要后来的社会性培训与教育，也需要自主教育和自我修炼。促进和帮助年轻工程师向卓越工程师良性发展，正是本书的小目标。

本书内容不涉及具体专业的工程技术，主要采用典型案例示范加启发的方法，重点评议和讨论创新方法，也涉及技术观。根据他们已经具备"卓越工程师后备人才"资历的现实，牢记和强化"追求一生全面发展"的初心。借助本书，试图在以下几方面引导他们进行高强度的自主培训和自主修炼。

① 倾心追随大师，是拜万人师的最佳选择，是技术观形成的主要机制。

② 重点修炼科技创新方法论，促进方法论的根本转变。

③ 深度阅读经典和主流专著，在专业技术制高点上探索前沿技术。

④ 关注和研究本专业的技术史，明晰技术发展潮流的走向。

⑤ 关注技术生态系统，探寻让人催化成熟的良性机制。

⑥ 具有真实价值的专利发明，有原创的突破性创新。

⑦ 掌握高效科技写作法，拥有有代表性的科技论文。

⑧ 突出三个“融合”的特点：

- 个人发展与环境技术生态的融合；
- 技术系统与智慧系统的融合；
- 科技与人文的融合。

本书所述培训方式的内涵可简述为：培训（包括自学）＋修炼＋长期实践。也可理解为：这是一个宽泛的技术系统工程，它的整体功能就是要培养、修炼和塑造卓越工程师。

5. 卓越工程师修炼的讨论

受过高等教育的工程师，面对当前的战略机遇期，应当有强烈的时空敏感和技术自觉，促使自我学习、自我组织、自我教育、自我修炼、自我发展、自我实现、自我成全。在这整体联系的过程中，勇敢承担起个人的责任，遵循内心的信仰、价值观和规则，拓展人生价值的外延，为自己一生的全面发展而奋力拼搏。

技术是在为满足人类需求而改造大自然的过程中，积累起来的知识、经验、技巧和手段的总和。工程师的本质任务，就是创造社会的物质文明，改造客观世界。

创新是创新者的通行证。面对示范和启发，哪怕有些许强制性，都得自觉接受、强化修炼，要诚心欢迎指教和批评，改变自己的习惯性保守思维，敢于迎接新挑战、解决新问题。

关注和理解本书有关卓越工程师修炼的系统性、综合性方法，通过长期修炼和深入实践，促使不成熟向成熟的转变，教条知识向专业技术的转变；技术工作向工程化的转变，要肯下十年磨一剑的狠功夫，甚至20年、30年也在所不惜；知变适度、趣时致力、务实力行，充分发挥出自己的潜能、创造力之后，定能书写出自己的卓越工程师传奇。

写作本书的坚定信念是：卓越工程师是能够炼成的！

年轻的工程师们，请理解这份善念和厚望，接受这份祝愿吧！

《发明是这样诞生的》深度阅读

引　言

阅读是从书中发现和提取意义的过程，是为了给技术实践积累丰富知识和思维能力。深度阅读科技大师的经典以及主流专著，具有更加复杂深层的意义。

① 通过深度阅读经典，可以了解以前存量技术的症结，发现以后技术创新的机缘。

② 发现和突破自身的局限，以更加自由的心灵和更加开阔的技术视野面对所承担的技术工作。

③ 通过反思和质疑，发现技术现象、技术信息之间隐秘的联系，这种联系就是技术规律。

④ 大师都是启蒙的集大成者，融合大师们的智慧，才能稳步走上正确的技术之路。

⑤ 具备多元开放的技术思维，寻找到技术与方法论的交叉点，将技术判断力复杂化，才会产生有效的技术策略，技术路线才真正靠谱。技术创新思维要有广度、深度和力度。

⑥ 深度阅读经典是特殊的技术经历和技术积累，会逐渐产生信念、自信甚至技术信仰。

⑦ 深度阅读经典的精髓，是加强构建属于自己的复杂意义，即增强生成意义的阅读能力。

⑧ 深度阅读经典或可出现技术人生的拐点，或可迎来个人技术生命 S 曲线的突破期。

⑨ 深度阅读经典，会产生新的思维方式和技术表达方式，甚

至是新的技术观和方法论，才能升华到技术更高核心本质的境界。

⑩ 深度阅读经典，是向大师学习的最佳方式，将得到永久性的教益。

本文是笔者深度阅读《发明是这样诞生的》[1] 的切身体会和感悟。

1. TRIZ 传奇

苏联工程师根里奇·阿奇舒勒的“发明问题解决理论（TRIZ）”，其俄文首字缩写为 TRIZ，所以也称为 TRIZ 理论，2008 年在中国推广时译为“萃智”。杨清亮编著的《发明是这样诞生的：TRIZ 理论全接触》，可认为是对 TRIZ 系统、完整的全面解读。

（1）根里奇·阿奇舒勒传奇

阿奇舒勒 14 岁就获得首个专利，20 岁开始研究已发表的 20 多万项专利，挑出 4 万项已产生成就的专利，集中进行严格分析，发现了它们背后的创新模式，铸就了 TRIZ 的原始理论基础。不幸的是，1948 年 12 月，22 岁的他给斯大林写信，介绍他对发明的研究，批评社会缺乏创新精神。1950 年，他便被指控利用发明技术进行阴谋破坏，被捕后判刑 25 年，被流放到西伯利亚。他向被关押在那里的高级知识分子再学习，开创了他的“一个学生的大学”。

1954 年阿奇舒勒被释放，在国家级发明竞赛中获过奖，继续开展他的 TRIZ 研究。1961 年，他出版了第一本著作《如何学会发明》，批判了错误的尝试法。1968 年他第一次举办了发明方法研讨会，1969 年出版《发明大全》。1989 年苏联成立 TRIZ 协会，阿奇舒勒出任主席。阿奇舒勒于 1998 年 9 月 24 日逝世，享年 72 岁。

（2）TRIZ 的体系

在阿奇舒勒的参与和组织下，苏联的数十家研究机构、大学、企业组成了 TRIZ 研究团队，每年动用 1500 人进一步分析研究全世界 250 万份高水平专利，成为 TRIZ 的原始理论来源。再综合多学科领域的原理和方法后，总结出人类进行发明创造解决技术问题过程所遵循的原理和法则，建立起完整的 TRIZ 体系，成为苏联的发明创造方法学。

也可以认为，TRIZ 是系统性地构建联想和类比的体制，是联想类比法的超一流应用。

TRIZ 有九大理论体系（详见本书的“极简创新方法论”），是一套解决发明和新产品研发难题的成熟理论和方法体系，提供了一套高效、经济的强有力工具，科学而又富有可预见性和可操纵性，具有不同寻常的适用性和实用性，能够快速发现问题的本质，准确定义创新性问题和矛盾，提供更合理的技术方案，准确确定探索方向，促成新产品开发，实现技术突破。

TRIZ 成功揭示了发明和创新在操作方面的内在规律和原理。传统创新的思维定势常用发散思维的“试错法”。而基于 TRIZ 的创新求解，是应用收敛思维的“设计法”，并且最终收敛到“最终理想解”。

（3）TRIZ 的应用

TRIZ 是苏联的国家机密。在西方国家严密包围封锁之下，苏联的技术、军事仍然发展得很好，相当先进，其原因之一，正是因为拥有了这独门绝技，技术创新的点金术。

苏联那时有 300 多所学校都在教授 TRIZ，从职业工程师到大学生、高中生，甚至小学高年级都在培养善于创新的发明家。完善的 TRIZ 理论体系建立于 1956 年，苏联国内教育普及是在 1985 年。

TRIZ 作为当今世界强大的创新设计理论，解决发明问题的系统化方法学，在国际上获得了广泛的推广应用。

欧美专家级应用是在 1989 年，欧美日韩行业性应用是在 1999 年。美国将 TRIZ 推荐给世界 500 强企业。

中国教育与行业应用 TRIZ 始于 2004 年，大规模教育与行业应用是在 2008 年以后。中国仪器仪表学会作为第一批开展创新方法培训的试点单位之一，在天津大学精密仪器与光电子工程学院组建了第一个科技创新方法培训基地，TRIZ 是培训的核心内容。

天津大学精密仪器与光电子工程学院的朱险峰、傅星教授主编了《仪器仪表创新方法概论——TRIZ 在仪器仪表领域中的应用》[2]，该书是着力推广应用 TRIZ 的代表性专著。

2. 深度阅读的扩展及其联想类比

2.1 扩展深度阅读的范围

单凭一部专著或经典的深度阅读，会有一定收获。如果将一本书的深度阅读加以拓展，变成几本书，集中深度阅读并密集思考，就有更高层次的“联想类比”，定能加快科技意识的成熟和创新方法论的熟练运用。以下是笔者几年中深度阅读的内容。

2009年6月，参加中国仪器仪表学会在北京举办的《科技创新方法培训班》，为期3天，主要教材是杨清亮编著的《发明是这样诞生的：TRIZ理论全接触》。结合自己所从事的在线分析工程技术，其后又多次反复研读过TRIZ。

2011年4月，国家博物馆举办首个国际交流艺术大展，《启蒙的艺术》[3] 共展出德国三大博物馆的油画、版画、雕塑、图书等各门类580件艺术珍品。该展笔者参观了两次，其中印象最深的是以“启蒙”为切入点，回顾启蒙运动历史，进一步研究启蒙的含义、特性和定义。德国著名哲学家伊曼努尔·康德在1873年将启蒙的实质定义为“个体运用理智获得的解放”，喊出“要有勇气运用你自己的勇气”的口号。康德还说过：“启蒙就是人们脱离了加之于自己的不成熟状态，不成熟状态就是不经过别人引导，就对运用自己的理智无能为力。”

从中学到的两个关键词“启蒙”和“成熟”，都深植于我的技术观念之中。

2011年11月，国家博物馆举办《人民科学家钱学森事迹》展览，笔者也参观了两次。同时特别关注钱学森院士逝世后的所有报道。认真阅读了他的《创建系统学》[4]，并拓展到《工程控制论》[5] 和《关于思维科学》。

2013年5月，《朱良漪文集》[6] 出版。朱良漪是分析仪器行业的主要创始人和学术领头人，阅读此文集，更能全面了解他的学术思想，从分析仪器专业的技术史维度总结出历史经验，更能激发自己的创新潜力。联想到朱老总曾经的教诲和指派的任务，要编写中国自己的在线分析工程技术方面的主流专著，深感更应该强化阅读经典的深度。

2.2 深度阅读之后的联想类比

(1) 技术系统是核心命题

阿奇舒勒、钱学森、朱良漪都给技术系统（简称系统）下过定义。国家最高科学技术奖得主王泽山院士还定义了一种“反向系统”（即“补偿系统”），通过联想类比，充分说明系统这个概念是最核心的问题，系统在专利发明和新产品研发中，都具有技术核源般的重要意义。悉心构建并优化技术系统，更应该是，也的确是在线分析系统设计的独门绝技，是在线分析工程技术理所当然的核心命题和唯一突破方向。

(2) 联想类比法是普遍性方法

TRIZ 的创立，是阿奇舒勒带领的庞大团队进一步分析、研究全世界 250 万份高水平专利的创新成果。高度繁杂的归类、综合、精炼、绝对离不开“联想类比法”发挥的核心作用。这一轮长周期的深度阅读，加深了对“联想类比法”的普适性了解，有利于加大其后科技创新的力度。

(3) 卓越工程师的催化成熟

启蒙和成熟是哲学概念，哲学重视系统思考。

著名语言学家周有光，95 岁之际还仍然认为欧洲 17～18 世纪的启蒙运动是最重要的事件，他念兹在兹的始终是启蒙的要义、延展和结果。

志在成为卓越工程师的年轻工程师，应该有点哲学内涵，倾心追随大师，以开放的心态接受创新启蒙，重点是技术观和方法论的启蒙。只有这样，才有可能进入催化成熟的快速成长期。

(4) 博物馆非去不可

笔者在退休十多年之后的一段时间里，两次参观钱学森事迹展，两次参观《启蒙的艺术》，三次参观《复兴之路》，也多次参观中央美术馆的画展。

参观博物馆有助于启迪思维，增进人文素养。毕竟，文化之于卓越工程师也具有不可或缺的重要意义。所以，博物馆才非去不可。

3. 深度阅读迎来的超越期

发明问题的核心是解决工程矛盾和技术冲突，解决问题的关键是所使用的工具。TRIZ 就是最好的工具。

以《发明是这样诞生的》为重点的深度阅读，改变了笔者技术人生的正常轨迹，迎来一个全新的“超越期”，完成了更加大力度的技术创新再实践，取得了多方面的收获。

3.1 TRIZ 的深入解读

笔者结合自己从事的在线分析工程技术专业，仅对 TRIZ 的少部分内容有较为深入的解读，这已经受益匪浅，获得醍醐灌顶般的警醒。

(1) 在《分析仪器》行业杂志发表技术评论：“强力推荐 TRIZ（萃智）理论的 23 条理由”。

(2) 在 TRIZ 的技术系统八大进化法则中，重点关注了“子系统协调进化法则”，将应用体会撰写成论文“在线分析系统工程应用协调运行的综合研究”[7]。

(3) 将 TRIZ 的最终理想解（ideal final result，IFR）的四个特点，用于在线分析系统的研发设计，定义为“在线分析系统协调进化五原则”。

(4) 将 TRIZ 的技术系统 S 曲线，仿作工程师技术生命 S 曲线。原来包括幼年期、发展期、成熟期和衰退期四个阶段，卓越工程师的技术生命 S 曲线是其升级版，包括幼年期、发展期、突破期、超越期、衰退期等五个阶段。

3.2 初创在线分析系统应用型基础理论

连续在三届在线分析仪器应用及发展国际论坛上发表论文，阐述在线分析系统应用型基础理论的初创。代表性论文是“在线分析系统基础理论和优化设计的探索研究”[8]。

3.3 在线分析部件设计的突破性创新

遵循“质量源于设计（quality by design，QbD）”的技术理念，学用 TRIZ，采用多目标整体优化设计法，精心构建技术系统，设计产品结构，终于成功研制出几种赶超国际先进水平的在线分析样气处理部件。

(1) 低漂移热敏电桥传感器

传感器是分析仪器最核心的部件，被誉为分析仪器的“心脏”。

低漂移热敏电桥传感器及其采用的第Ⅱ对称复合电桥都取得了发明专利，据此设计的LKA100R型热导式气体分析仪实现了接近零漂移的超高稳定性，是唯一不需要长时间预热，一经通电开机，即可立即投入稳定运行的在线分析仪（参见本书“综合补偿法的应用”）。

（2）涡旋样气冷凝器

在线气体分析系统一般都要采用样气冷凝器来对样气脱湿除水，由于涡旋样气冷凝器用仪表空气驱动，具有本安防爆功能，是防爆型在线分析系统必须选用的核心样气处理部件。

涡旋样气冷凝器的次级系统之一是涡旋管，涡旋管再次级系统是个叫涡旋器的微技术系统，将一个仅重3.3克的黄铜零件称为微系统，这符合系统学和TRIZ。涡旋器使仪表空气流产生高速旋转的涡旋气流，涡旋管再将涡旋状的空气流分离成冷空气流和热空气流，冷空气流在其后的热交换器中去冷凝样气流除湿。

在不改变产品基本结构、不增加零件、不增加成本的前提下，仅优化了涡旋管微系统的微观结构和工艺，采用技术系统的“协调进化五原则”，充分协调好子系统与它上一层级技术系统的关系，使LKP210型涡旋样气冷凝器的功能有了突破性提高，在0.6MPa仪表空气压力下，可将样气温度降低40℃以上，而在同等条件下，从某专业公司进口的3208型涡旋管实测才降低23.8℃，分析仪器行业的同类产品，大多降低不足20℃。

（3）组合式高效样气处理部件

笔者定义和研制了组合式高效样气处理部件，最具代表性的是LKP307型组合式高效除雾过滤分离器（简称LKP307除雾器），取得了发明专利。它组合了除雾器、过滤器、气水分离器和快速旁路分流器等四个独立部件的全部功能。四种功能彼此间充分协调，达到了“最终理想解”的工程应用效果：除液雾和过滤除尘的精度高达0.3μm，气流阻力小至130Pa，不易发生堵塞，实现了工程应用的长寿命、少维护。而且更能保证在线分析仪的高精度检测。例如，环保脱硫的在线分析系统（CEMS）采用LKP307型除雾器时，样气处理的SO_2流失率的实测值低至2.1%而采用传统气水分离器的SO_2流失率高达13.8%。SO_2的流失机理是二氧化硫易溶于液态冷凝水。漂浮在样气中的微细液雾是看不见的，LKP307 型除雾器高效除去了大于 0.3μm 颗粒的液雾，才会有 SO_2 的 2.1%低流失率的定量数据。

起到除雾器和过滤器功能的是高效过滤元件，其采用极为特殊的表面过滤原理，具有油水双疏的纳米特性。它是一个最核心的微系统，也是按“在线分析系统协调进化五原则”进化出来的，仅 5cm 高的圆筒状零件。其高精度和低阻力的协调，高精度和免维护的协调都是突破常规的。市场上的多种圆筒状过滤元件运用的都是深度过滤原理，精度低（一般为 5～10μm），阻力大，易堵塞，寿命短。

通过以上三次技术实践就能体会“发明是这样诞生的”：技术系统是最核心的概念，TRIZ 的确有用，突破性创新一定要有适用的科技创新方法论。

最理想的技术系统能够实现所有必要的功能，物理实体却极度简化。例如，微系统仅是一个零件，功能却很强大。

3.4 出版专著《在线分析技术工程教育》[9]

2016 年 11 月，专著《在线分析技术工程教育》由科学出版社出版，全书共四辑：第一辑，在线分析系统应用型理论的初创；第二辑，在线分析仪的创新研制；第三辑，样气处理系统的优化设计；第四辑，在线分析系统的工程应用。

《在线分析技术工程教育》的核心主题，是倡导开展在线分析技术的工程教育，为提高在线分析产品的研发设计水平，培养卓越工程师做出切实的努力。分析仪器产业的发展，迫切需要大批既懂理论知识，又懂工程技术，还会应用实施的专业技术人才。

3.5 卓越工程师培训的探索

笔者曾受聘重庆科技学院兼职教授，担任硕士研究生导师。接触到教育部的《卓越工程师教育培养计划》后就总想在卓越工程师培养方面进行实践探索。在和研究生们的频繁交流互动中，对卓越工程师培训有了不少新体会，还编写了针对性的培训教材，对卓越工程师命题的探索研究又深入了一步。

3.6 关于超越期的说明

超越期这一新概念，是从工程师技术生命S曲线的优化提出的。所谓超越，一是创新力度所达到高度的超越，二是技术生命周期长度的超越，就是超乎常规，超越自己。

结束语

对于卓越工程师来说，深度阅读是必须的，对其全面发展具有无可替代的重要价值。

深度阅读是很困难的，深度阅读需要引导和训练，也需要自我修炼。

深度阅读是有选择的，首选和自己专业关联度高的大师经典和主流专著。

深度阅读是重复性的，只有反复阅读，才是熟读，才能深入，才能择要，才能洞察。

深度阅读的要义是熟读精思，即熟读之后的密集思考，有一个消化、整理、组合、序化的过程，方能从中提取意义之后，构建属于自己的意义，即生成意义，最终内化成自己的技术观和方法论。

深度阅读是深度学习的前提，深度阅读有助于养成终生学习的良好习惯，进而激发出终生发展的潜力。

参考文献

[1] 杨清亮．发明是这样诞生的：TRIZ理论全接触［M］．北京：机械工业出版社，2006.

[2] 朱险峰．仪器仪表创新方法概论：TRIZ在仪器仪表领域中的应用［M］．北京：机械工业出版社，2013.

[3] 启蒙的艺术［J］．中国国家博物馆馆刊，2011（4）：10-34.

[4] 钱学森．创建系统学［M］．太原：山西科学技术出版社，2001.

[5] 钱学森．工程控制论：新1版［M］．上海：上海交通大学出版社，2001.

[6] 朱良漪．朱良漪文集［M］．北京：化学工业出版社，2013.

[7] 金义忠．在线分析系统工程应用协调运行的综合研究［C］//第三届在线分析应用及发展国际论坛论文集．北京：中国仪器仪表学会分析仪器分会，2010：30-37.

[8] 金义忠，姜培刚．在线分析系统基础理论和优化设计的探索研究［C］//第六届在线分析仪器应用及发展国际论坛论文集．北京：中国仪器仪表学会分析仪器分会，2013：151-159.

[9] 金义忠．在线分析技术工程教育［M］．北京：科学出版社，2016.

分析仪器技术简史和应用型基础理论

引 言

卓越工程师可看作是无冕技术专家，理应关注、了解本专业的技术史以及应用型基础理论，很有必要培育起自己的技术史思维和专业技术的基础理论思维。

分析仪器最重要的特点来自它的定义："输出信号为物料中一种或多种成分或组分的浓度、分压、露点温度或其他物理、化学特性的单调函数的仪器。"

分析仪器因能提供物质成分量信息而成为信息工业的真正源头，是我国经济发展和科技进步的核心之一，成为科学技术进步的重要标志之一，是仪器仪表行业最重要的细分行业之一。

本文有两个核心主题：一是分析仪器技术简史，二是分析仪器应用型基础理论的初创。

1. 在线分析仪器技术简史

1.1 分析仪器的萌芽期（1940—1956 年）

1940 年，荣仁本和陆清先生在上海设立上海雷磁电化研究室，开展小型电化研究，成为研制酸度计的技术基础，这是我国分析仪器产业可追溯的最早起点。1953 年 6 月，由 1949 年成立的雷磁电阻厂改组为上海雷磁电化仪器工业社，生产玻璃电极酸度计，全厂职工仅 6 人。1956

年3月20日，公私合营后改名雷磁仪器厂，合资10万元，职工增加到37人。荣仁本任总工程师的雷磁仪器厂，后来成为我国水质分析仪器的龙头企业。

1956年5月16日，南京万利仪器厂、久丰仪器厂等9家工厂成立公私合营南京仪器厂，总资产10万元，职工24人。南京仪器厂是我国第一家气体分析仪器厂，我国气体分析仪器技术史发展至今，已经有55年之久。

因受笔者经历的局限，本文仅是以在线气体分析仪器为侧重点的分析仪器技术简史。

1.2 分析仪器的初创期（1957—1969年）

南京仪器厂于1957年底成功研制用于电厂的热导式二氧化碳自动分析仪，是我国第一台在线分析仪。因为有取样探头等很原始的样气处理部件，所以，也是事实上的第一套在线分析系统。1972年笔者曾在重庆九龙坡电厂亲见过产于1957年的这种仪器（当时已完全报废）。

1958年3月，南京仪器厂更名为公私合营南京气体分析仪器厂，产品方向为工业气体分析仪器，即现在的在线分析仪。1963年10月，才由机械部正式命名为“南京分析仪器厂”（简称南分）。

1959年10月6日，北京分析仪器厂（简称北分）建厂，是苏联援助中国156个项目的最后一个项目。由于实力雄厚，北分后来居上，长期是我国分析仪器行业的领头羊。早期产品有热导氢分析仪、热磁氧分析仪、0A-2101型红外分析仪（苏联提供图纸）。

1963年12月，北京化工研究院胡满江教授主持研制的气相色谱仪，通过国家科学技术委员会（简称国家科委）鉴定后移交北分生产。

1964年5月16日，正值南分建厂8周年纪念日，那一天真是机缘巧合，南分注定要以重大牺牲作出历史性贡献。当天，中共中央工作会议作出建设大三线的决定，南分被中央点进内迁大名单，将该厂部分迁至重庆市北碚区，组建四川分析仪器厂（简称川分）。南分内迁前已有产品十多项，包括工业色谱仪，是我国第一代在线分析仪。1968年，杜汝照工程师主持研制的新型热导系列气体分析仪获得成功，小型化的精密热敏元件远优于仿苏产品。

1969年6月30日，南分一分为二，部分内迁至重庆，成立川分厂。

内迁职工 345 人，设备 88 台。内迁产品只有热导气体分析仪、电导率计、电化学微量氧分析仪等少数几项。

至此，我国分析仪器产业成功初创，并完成均衡发展战略布局：北有北分，东有南分，西有川分，南有佛山分析仪器厂（简称佛分），它们的主业都是在线分析仪。上海则以科学仪器著称于世：上海分析仪器厂（简称上分）的气相色谱仪，上海第二分析仪器厂（即雷磁）的水质分析仪，上海第三分析仪器厂的分光光度计等，都是享誉全国的畅销产品。

1.3 分析仪器发展的蓄势期（1970—1978 年）

20 世纪 70 年代是我国分析仪器艰苦创业的自主研发期，朱良漪曾回忆，他研发气相色谱仪 TCD（热导）检测器，6 年才取得初步成功。在一次国家级仪器科技攻关规划会上，他为力争红外分析仪的立项而“舌战群儒”。1970 年，北分研制成功 QGS-04 型红外分析仪，并投入大批量生产。1978 年 3 月，南分成立了南京分析仪器厂研究所。1972 年，川分技术科改组为重庆分析仪器厂研究所；1977 年，川分自主研制成功 CJ 系列磁力机械式氧分析仪，因填补了行业空白，获 1978 年首届全国科学大会奖励，体现了国产分析仪研制的创新精神。

1970 年，中央批准引进 13 套大化肥和 2 套乙烯大型成套设备。1976 年，四川化工总厂率先投产，并通过化工部鉴定。其后，又引进 29 套大化肥和一大批成套装置。随这些大型设备进口的在线分析系统，普遍存在严重的“水土不服”，其中有产品质量和技术缺陷的原因，更多的则是现场条件、工艺条件和样气处理方面的原因。化工部化肥司组织大化肥全行业的技术精英开展技术攻关十多年，特别是在样气处理系统技术和在线分析系统综合应用技术方面大获成功，并且创造了在线分析系统稳定运行周期长达 20 年的佳绩。

大型成套设备的引进对我国分析仪器的发展起了非常大的推动作用，特别是样品处理系统技术的消化、吸收、改造、提高、国产化，已经走在分析仪器行业的前面，在工程实践中，打造出一支高素质分析仪器工程应用专业技术队伍。其“国家重点工程导向”的技术思想和工程实践经验，都具有榜样的力量。

1970 年，《分析仪器》杂志创刊，朱良漪任主编。今天，该期刊已成为我国核心科技期刊之一。创刊第一期竟是以油印方式发行，足见创业之艰难。

1972年，北京分析仪器研究所创建，成为分析仪器行业的专业研究所，发挥着重要的技术主导作用。分析仪器行业的自主研发，化肥、石化行业成功开展的工程应用，两条战线的技术进步必将合流，从而构成我国分析仪器产业健康发展的坚实基础。

1.4 分析仪器的成长期（1979—1999年）

20世纪80年代的技术引进潮中，国际视野的技术开放为分析仪器行业注入了强劲动力和全新的活力，成为分析仪器产业发展的良好契机。

1979年，北分率先打开技术引进的大门，从德国麦哈克公司引进UNOR 4N型红外分析仪制造技术，一跃达到国际先进水平。国产化后定型为QGS-08型红外分析仪，年产量近千台。北分引进项目共有五项，美国瓦利安公司的气相色谱仪的国产化也很成功。

南分引进项目共有七项，引进美国贝克曼公司的工业色谱仪和英国肯特公司的氧化锆氧分析仪，都十分畅销。

佛分引进了日本掘场公司的红外汽车尾气分析仪。

1983年10月，川分在朱良漪的大力支持下，争取到了唯一的引进项目——德国H&B公司的UNAS 3G型红外分析仪、MAGNOS 4G型磁压力式氧分析仪、RADAS 1G型紫外分析仪。这是一个大系列产品，称为“三项引进技术”。经历“八年抗战”，终于国产化成功，于1991年11月通过国家级鉴定验收，国产化率高达81.96%，定型为GXH-101型红外分析仪、CY-101型磁压力式氧分析仪、GXZ-101型紫外分析仪，都成为畅销产品。川分自主研发的SC-1000系列气相色谱仪的技术水平和市场表现也相当亮眼。

分析仪器行业引进技术国产化的成功，提高了我国分析仪器技术水平和质量水平，并且实现了替代进口。技术引进改变了一个行业的技术观念和技术思维，为分析仪器产业的进一步发展积蓄了力量，沉淀了技术，壮大了专业技术队伍，逐渐聚集了参与国际竞争的初步实力。其后大批民营企业如雨后春笋般涌现，就是有力的证明。

1.5 分析仪器新增长期（2000—2007年）

跨入21世纪，节能减排、环保及防治污染，已由呼吁转入规模化国家行动，成为分析仪器产业发展最强劲的牵引力。国家环保局于2001年制定了固定污染源烟气连续排放监测系统（CEMS）的环保标准（HJ/T 76—2001），成为促进在线分析技术系统研制及工程应用的持久性目标，贯彻这一强制标准的主导产品就是CEMS。CEMS取证企业超过40家，成为一个庞大的细分行业。其中规模大、具有领先优势的龙头企业有聚光科技（杭州）股份有限公司、北京雪迪龙科技股份有限公司、西克麦哈克（北京）仪器有限公司等。环保行业的分析仪器市场需求，出现了持续爆发性增长的态势。

至2007年，我国分析仪器产业出现了更加开放的竞争格局：外企涌入，大批民营企业兴起，产业规模不断壮大。大多数中小型民营企业主要作为系统集成商对接工程市场，涉足分析仪器产品研制的却很少。这一新潮流很难予以技术规范，产品质量发展严重滞后于数量增长，由此产生了本行业编写主流专著和探索专业技术理论的现实需要。

1.6 分析仪器的质量发展期（2007年至今）

分析仪器质量发展的滞后，令朱良漪很着急。早在1997年10月10日，他在'97过程分析仪器及应用技术研讨会（即首届国际论坛）上，作“过程分析仪器是分析仪器发展的一大阶跃”的主旨报告，明确指出制约过程分析仪器发展的三大症结：“一是过程分析的取样和预处理，二是成分信息的获得与共生信息干扰和噪声的处理，三是长期使用的可靠性。”[1]

2007年11月6日，“第二届在线分析仪器应用及发展国际论坛”在北京召开，在线分析仪器专家委员会重新改组和授牌，主导产品顺理成章定义为在线分析系统。这次论坛给分析仪器行业一次难得的认真反思和技术思想解放的机会，朱良漪的主旨报告“21世纪的前沿技术：‘分析技术’与‘自动化’的系统集成”[2]，是他对全行业的最后一次指引和教诲，引发了具有颠覆性、前瞻性的核心观念转变，主导着我国在线分析工程技术未来的发展方向。

2007年以后，分析仪器产业的健康发展，技术队伍的壮大，产品质量的提高，竞争力的加强，都有超常规的突出表现。在线分析工程技术的技术体系构建和应用型基础理论的初创，都有令人瞩目的进展，主流专著相继出版：《在线分析仪器手册》（王森主编，2008年），《朱良漪文集》（朱良漪，2013年），《在线分析工程技术名词术语》（范忠琪主编，2013年），《在线分析系统工程技术》（高喜奎主编，2014年），《在线分析技术工程教育》（金义忠著，2016年），《现代在线分析仪器技术与应用》（朱卫东主编，2022年）。

2020年12月9日，“第十三届在线分析仪器应用及发展国际论坛”在南京召开，已经成为中国在线分析仪器的国际学术论坛及展示平台，推动着中国及世界在线分析仪器行业的健康、快速发展。

1.7 现代过程分析技术的发展

进入21世纪以来，分析仪器产业已经迅速发展壮大成一个庞大的技术体系，对其整体学科性的研究尤其迫切，又十分困难。

2012年，中国仪器仪表学会将“现代过程分析技术及学科发展研究”课题，列为2012年的学会能力提升专项工作。在扩大国际交流和广泛调研的基础上，2014年，项目组撰写了30万字的《现代过程分析技术》的学科发展报告。2016年，该学科发展报告由机械工业出版社出版。2019年，褚小立教授级高级工程师作为仪器仪表学会课题负责人申报了“中国科协2019年度学科发展前沿热点综述”项目，组织20多位业内专家，撰写了40万字的《现代过程分析技术新进展》，由化学工业出版社出版。

这两个学科发展报告的宏观综论非常难得，受到业界广泛关注和好评，为推动我国现代在线分析技术的发展起到了重要作用，对于卓越工程师教育培养与修炼，也有重要的引导作用。

结　束　语

在线分析仪器的发展历程，正是分析仪器技术史的缩影，可供借鉴的历史经验十分宝贵：一是始终保持开放；二是坚持技术创新和自主研发；三是坚持国家重点工程导向；四是牢记应用分析仪器的宗旨，即物质成分的准确计量；五是坚定走质量发展的正途。回顾分析仪器技术史，难以忘记分析仪器早期先行者和开拓者的功绩和奉献。

2. 分析仪器应用型基础理论的初创

2.1 川分崛起的机缘

重庆川仪九厂（简称川分）在“三线建设”“山、散、洞”方针的规划下建成，20世纪80年代技术引进时，从德国H&B公司引进三项分析仪器产品制造技术，其中URAS 3G型红外分析仪是1983年刚在国际市场上亮相的新产品，国产化的成功，使川分拥有国际先进水平的系列化分析仪。H&B还为川分无偿培训样气处理系统技术，敞开供货最先进的样气处理产品。川分的分析仪研发工程师和系统工程师都去H&B公司接受过专业培训，完成了最正宗的创新启蒙，接受了先进技术理念，学到了设计方法，并锁定未来专业技术的发展方向为在线分析系统。当年H&B公司分析仪的销售中，有三分之二是分析系统的产品形态。

率先发展高端在线分析系统技术成为川分的技术发展战略和生存战略，是川分的初梦，也是川分崛起的机缘。

2.2 在线分析系统引领潮流

川分三项引进产品的国产化，历经“八年抗战”才完成，国产化率高达81.96%。1992年笔者任成套部部长，将原来的成套科整改为“过程分析成套工程部”，将原来成套装置的产品名称改为“过程分析成套系统”，带领年轻团队研发成功“PS1000系列成套系统”的新产品。1995年通过国家级鉴定验收，1996年被评为国家级新产品。1997年，川分的“工业过程分析成套装置”被评选为国家重点扶持发展的仪器仪表名牌产品。1998年研发成功PP1160型干法高温取样探头系统，售价80多万元，占据国内80%的市场份额，并有出口。1999年，PS3000系列过程分析成套系统通过省部级鉴定，被八部委评为国家级重点新产品。1993年，编写的《过程分析成套概论》小册子，当作系统产品样本使用，被行业其他公司仿效。

川分就这样以过程分析成套系统（即在线分析系统），引领着在线分析工程技术发展的潮流。

2.3 朱良漪学术思想的启示

朱良漪是国际著名的仪器仪表技术专家，他十分关注样品处理系统技术。朱良漪在'97过程分析仪器及应用技术研讨会上，总结出的“制约过程分析仪器发展的三大症结”第一条就是“过程分析的取样和预处理”。他在第二届国际论坛主旨报告中特别关注和强调样品处理系统技术发展的难点和闪点：“取样探头系统、可靠性、少维护、软件技术”[2]。他还指出：一定要编写我国自己的在线分析工程技术方面的主流专著。笔者有幸四次聆听朱老总高瞻远瞩的亲切教诲，才会长期重点关注和深入研究样气处理系统技术。

2.4 创新方法论的联想

TRIZ[3] 以及钱学森院士的《创建系统学》《工程控制论》[4] 中都强调了系统和技术系统的重要性，朱良漪也曾为技术系统下过定义。

科学大师们的创新方法论和科学思想密切相关，两者本来就是融合在一起的，本质上适用于所有的学科和专业。联想和类比这些顶级的创新方法论，它们都将技术系统作为研究和控制的目标。确定无疑，系统是最核心的技术概念。在线分析仪器开展工程应用的产品形态是在线分析系统，其次级有样品处理系统。正是“系统”这个最核心的概念，扫除了技术创新的一切障碍。所以，分析仪器的应用型基础理论只能遵循系统学理论去认真探索。

钱学森院士在《工程控制论》之序中说：“所谓系统，是由相互制约的各个部分组成的具有一定功能的整体，为了实现系统功能的稳定。”

2.5 分析仪器应用型基础理论

任何专业技术的健康发展，都离不开基础理论的强力支撑和强有力引领，分析仪器产业持续性高速增长之后，探索分析仪器应用型基础理论的初创就很有必要。受到朱良漪学术思想的深刻影响，以及多次聆听他的教诲和鼓励，2008年，笔者在《分析仪器》发表论文“在线气体分析工程技术导论”；2010年，在第三届国际论坛发表论文“在线分析系统工程应用协调运行的综合研究”[5]；2012年，在第五届国际论坛发表论文“构建在线分析系统基础理论的研究”；2013年，在第六届国际论坛发表论文“在线分析系统基础理论和优化设计的探索研究”[6]。

在线分析系统的应用型基础理论，也是分析仪器的应用型基础理论。专业技术很复杂，但只要掌握其精髓，这个基础理论便简单得惊人，其核心要点如下。

(1) 在线分析系统的层级结构

在线分析系统的层级结构[7]如图1所示。

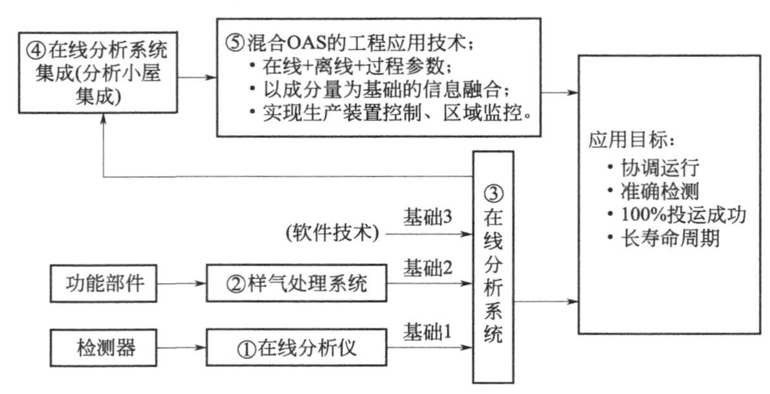

图1 在线分析系统层级结构图

样品处理系统层级结构[7]如图2所示。

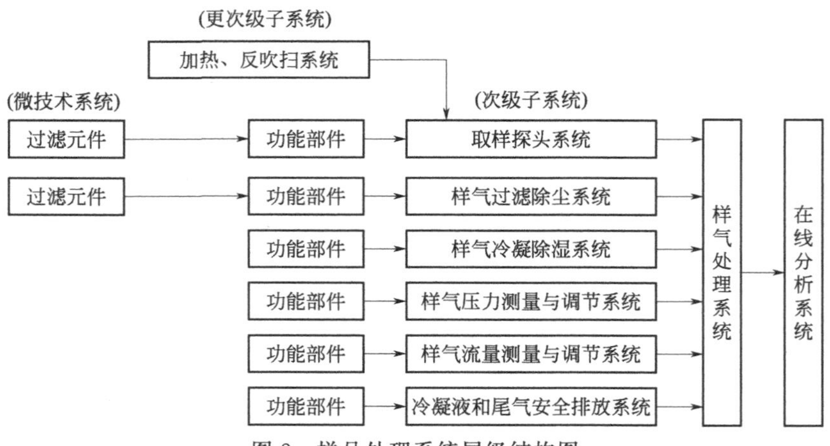

图2 样品处理系统层级结构图

(2) 在线分析系统的功能和特性

研究任何系统，都要从系统的功能和特性深入下去，即研究系统的演化、协调与控制的一般规律。

在线分析系统的功能和特性共有 20 多项：综合性、复杂性、开放性、适应性、协调性、稳定性、可测性、可控性、可靠性、准确性、工艺性、工程性、安全性、动态特性、少维护性、成套性、智能化、长寿命周期、组织性、体系性、经济性等。

在这众多功能和特性中，开放性和协调性尤为特别和重要。

（3）在线分析系统的开放性

在线分析系统开放性指：在线分析系统与其外部环境（样品条件、环境条件、应用要求等）长期存在复杂的、动态的物质交换、能量交换和信息交换[6]。

在线分析系统的开放性是在线分析系统最为独特之处，对开放性的深入研究极其困难，又特别重要，不但是在线分析系统整体优化设计的前提，更是诊断和排除工程运行故障最有效的技术手段。

（4）在线分析系统的协调性

开放性因具体的在线分析系统而各异，协调性则是在线分析系统的共性。在线分析系统已经存在了 65 年，也就是进化了 65 年，最重要的进化法则是“协调进化法则”。在线分析系统的协调进化五原则[6]，也就是最优化原则：

① 新系统很好地保留了原系统的优点；

② 新系统比较彻底地消除了原系统的技术局限和不足；

③ 新系统没有变得更复杂和成本更高；

④ 新系统没有引入新的技术缺陷和潜在的技术风险；

⑤ 新系统更能长寿命周期地协调运行。

结　束　语

2019 年 5 月 21 日，华为公司召开中国媒体圆桌会，华为董事会主席任正非回答《环球时报》记者的采访时说：“一个基础理论的形成需要几十年时间。”

如果从初梦原点的 1940 年算起，分析仪器的技术史长达 81 年，在线气体分析仪器技术史也有 54 年。提出“应用型基础理论的初创”有其符合技术逻辑的必然性。开展在线分析系统技术工程教育，决不能缺少在线分析系统的应用型基础理论。

卓越工程师要攀登技术高峰，技术史和技术理论思维不可或缺。

参考文献

[1] 朱良漪．过程分析仪器的发展 [J]. 世界仪表与自动化，1998 (6)：17-23.

[2] 朱良漪．21世纪的前沿技术："分析技术"与"自动化"的系统集成 [C] //第二届在线分析仪器应用及发展国际论坛论文集．2007：4-6.

[3] 杨清亮．发明是这样诞生的：TRIZ 理论全接触 [M]. 北京：机械工业出版社，2006.

[4] 徐义亨．钱学森和工程控制论 [M] //飞鸿踏雪泥：中国仪表和自动化产业发展60年史料（第二辑）．北京：化学工业出版社，2014：2-5.

[5] 金义忠．在线分析系统工程应用协调运行的综合研究 [C] //第三届在线分析仪器应用及发展国际论坛论文集．北京：中国仪器仪表学会分析仪器分会，2010：30-37.

[6] 金义忠，姜培刚．在线分析系统基础理论和优化设计的探索研究 [C] //第六届在线分析仪器应用及发展国际论坛论文集．北京：中国仪器仪表学会分析仪器分会，2013：151-159.

[7] 金义忠，梅青平．试论在线分析工程技术的核心本质和精髓 [C] //第十一届在线分析仪器应用及发展国际论坛论文集．北京：中国仪器仪表学会分析仪器分会，2018：177-183.

卓越工匠的精益求精工匠精神

引 言

歌曲《沉默的脊梁》有一句歌词很能打动人心："有一种英雄叫工匠。"音乐人竟然有如此深厚的人文关怀，该为他点赞。

2016年3月，第十二届全国人大四次会议期间，李克强总理首提"培养精益求精的工匠精神"。加快建设制造强国、质量强国、品牌强国，卓越工匠大有用武之地。"中国制造"迫切需要"大国工匠"毋庸置疑。

本书的核心内容是卓越工程师的自主修炼、发展和成才，卓越工程师需要在优良的技术生态系统中成才，而卓越工匠是卓越工程师最可靠、最得力的盟友，他们之间的和谐互动，其重要性和功绩都不可低估。

1. 卓越工匠的定义

具有工艺专长、技艺高超的匠人称为工匠，现代工匠不一定是单指有工艺专长的手工业从业者。现代企业积极倡导发扬精雕细琢、不断创新、精益求精的工匠精神，急需大量技术超群、身怀绝技的工匠，卓越工匠是每个行业里极为稀缺的人力资源，甚至重金难求。

目前，尚未有学术、规范的"卓越工匠"定义。本文尝试给卓越工匠一个另类的定义：具有典型的精益求精工匠精神、具有能够解决生产过程艰深难题卓越技能的工匠，堪称卓越工匠。有的卓越工匠在行业里有明显的领先优势。

在工程技术人员的职称系列里，工人技师对应着工程师，高级技师对应着高级工程师，卓越工匠应该有不低于高级技师的技艺水平和贡献。

简言之，卓越工匠就是工匠精神卓越，技能卓越，有成果和突出贡献，缺一不可。卓越工匠应身怀绝技，所掌握的特种工艺秘密及技能是十分宝贵的高端技术。

2. 德国制造的核心秘密

德国制造有全球领先的美誉，有必要极简解读德国制造的核心秘密。

（1）德国制造的核心文化

理性、严谨是德国人的民族性格，是其精神文化的焦点和结晶。可归纳出德国文化中四条精神特质：

① 专注精神。普遍有专注的行为方式，能够小事大作。

② 标准主义。标准为先，标准为尊。

③ 精准主义。DIN 是全世界最高的工业标准。

④ 完美主义。完美至臻是德国制造的根本特征。

（2）德国制造的文化因素

德国制造的产品品质享誉全世界，具有如下四个基本特征：

耐用（haltbarkeit）

可靠（zuverlaessigkeit）

安全（sicherkeit）

精密（praezision）

例如，德国亨利安家族企业制造的钟表齿轮可使用长达 400 年之久。隐含其后的正是德国制造独特的精神文化。德国人的工作行为表现为“一丝不苟、做事彻底认真”。

3. 工匠精神的日本样本

日本有个“大国工匠”级别的木匠教头，叫秋山利辉。27 岁时，他创办了“秋山木工”，41 年后著《匠人精神》[1] 一书，揭秘了“透过磨砺心性，使人生变得丰富多彩的日式工作法”，创立“八年育人制度”，旨在培育出掌握一流技术的一流工匠。虽然全部员工才 34 人，却在为客户坚持打造能够使用 100 年、200 年的家具，全部由拥有可靠技术的一流家具工匠亲手打造。如今的“秋山木工”早已成为明星企业。秋山利辉的《匠人精神 2》已经出版。

秋山利辉的“秋山木工”制定了独特的“匠人修炼制度”：秋山学校的学徒经一年预科见习，四年学徒生涯，认定为工匠，三年学带徒，进一步深造，八年后自立，闯荡世界。功到自然成，输出的一流工匠有六七十人之多。

“会好好做事”是“秋山木工”学徒的信条，“人生的全部时间都是自己的”，才使“一流工匠”成为他们的人生必然归宿。《匠人精神》第一版在中国发行时，书中的“匠人须知 30 条”译为“一流人才培养的 30 条法则”，更彰显“匠人须知 30 条”的不俗和重要。令人意外的是，30 条法则的绝大多数，都注重调整和优化个人行为方面，和优秀人品的培养密切相关。例如，要成为有责任心的人，要成为有时间观念的人，要成为积极思考的人，要成为会写工作报告的人等。除了“必须成为能够熟练使用工具的人”之外，没有任何一条与木工技术有关系。这正好体现秋山利辉坚信“一流的匠人，人品比技术更重要”。“秋山木工”的人才评价标准中，品行占比 60%，技术占比仅为 40%。例如仅有的涉及技术的第 20 条：必须成为能够熟练使用工具的人。“秋山木工”展示的木工工具有 160 种之多，要都学会熟练使用，确非易事，却是一流木工工匠的必修专业课。

4. 隐形冠军企业探秘

企业界有世界 500 强那样的超级大公司，也有众多的隐形冠军公司，两种类型的公司有着和谐共生的关系。隐形冠军企业也是卓越工匠生存和发展很难得的沃土，所以列入本文予以讨论。

著名管理大师赫尔曼·西蒙这样定义隐形冠军企业：“在国内和国际市场上，占据绝大部分市场份额，但是社会知名度却很小的中小企业。”隐形冠军企业常具有市场领袖地位，它们的企业目标极其明确，直接掌握客户，独辟蹊径；有最好的产品，只做第一，掌握有艰深卓绝的高科技。

拥有“制造强国”美誉的德国，拥有众多的隐形冠军企业，它们有永久性的品牌。单就分析仪器行业而论，生产隔膜泵的 KNF（凯恩浮）公司，生产样品处理部件的M&C公司，生产防爆分析小屋和机柜的威图公司，都是具有垄断地位的国际化公司。KNF公司是1946年创立在德国弗莱堡的家族企业，是隔膜泵和相应系统以及衍生工业和实验室产品的全球领导者，作为德国品质的代表和唯一跨工业和实验室全领域的隔膜泵类产品制造商，一直致力于为世界各地用户提供最卓越的气体与液体介质产品及完善的全球化技术服务。还有制造电动工具的博世公司，年销售量高达70多亿美元。

日本也是隐形冠军企业的集中地，日本有千年企业9家，500年企业39家，200年企业3416家，而百年企业多达50000余家。秋山木工虽然未达百年，却已是熠熠生辉的明星小企业。

在中国，有个新气象，全国都在大力培育和评选隐形冠军企业。仅以重庆市为例，2020年首批评选出10家隐形冠军目标企业，正在辅导上市，如重庆美的通用制造制冷设备有限公司、重庆国贵赛车科技有限公司、重庆胜禹新型材料有限公司等。但是，它们要想成为国际化的隐形冠军公司，还任重道远。

5. 高职院校卓越工匠人才培养的思考

当前，高职院校正在加强开展“卓越工匠培养计划”。高职院校的毕业生，是未来卓越工匠最主要的后备军，开展卓越工匠的强势启蒙恰逢其时。

“中国制造”急需“大国工匠”。培养卓越工匠后备人才，是高职院校理应承担的责任。卓越工匠人才培养是高职院校的一项系统工程，有关政策驱动、完善教学体系设计，指导教师团队和课程体系设置等教育、教学层面的课题，本文从略。单就卓越工匠后备人才在高职教育阶段应该达到的基本水准，建言如下：

（1）学习和植根工匠精神

美国畅销书作家亚力克·福奇在其《工匠精神》[2] 一书中论述：“从古至今，‘工匠精神’从来都没有停止过对世界的改变，倾心于对技术的提升和创造发明的‘工匠精神’，是世界上每一个国家永葆青春和活力的源泉。”

工匠精神是一种专业精神，甚至是值得去一生追求的信仰。工匠精神具有不可或缺的文化元素和精神元素，需要对制造技术的现实有超越感情的理性判断和深刻理解的洞察力。务实力行，追求的才必然是卓越。工匠精神追求的首先是产品自身的艺术价值和工程价值，其次才是市场价值。

工匠精神的核心是千锤百炼打造产品，精雕细琢，打造出本行业精品，对精品有执着的坚持和追求，直至完美。

工匠精神是极为宝贵的社会精神财富，应该大力发扬和用心培育。

（2）培养卓越工匠后备人才的高素质

卓越工匠的高素质，首先要有基本良好的人文素质（包括公民素质），如勤奋敬业，甘愿去做好困难的工作，而无怨无悔。对于所从事的职业和工作，有“十年磨一剑”般的勇气和决心。无论如何，要为自己、家庭、企业、社会承担起责任。

（3）培养卓越工匠后备人才的工程素质

卓越工匠后备人才应具有比较深厚的专业基础知识，熟悉企业管理精神，有较强的制造技术和工艺需求的适应性，有与人合作共事的自觉态度。

卓越工匠后备人才应具有初步的专业技能，最好经历过实训和实际操作的专业实践，这才能求职容易，入职上手快。没有工程素质，培养卓越工匠就会流于形式和空谈。

（4）培养卓越工匠后备人才的创新素质

高职院校要对学生进行科技创新启蒙，使之关注创新，具有创新意识，经历创新思维和创新方法论的初步训练。这样的高职院校毕业生就为就业后的卓越工匠修炼做好了必要准备。

6. 卓越工匠的工程修炼

高职院校的毕业生即便具有发展为卓越工匠的潜力和高素质，也仅是卓越工匠的后备人才。只有在就业后的产品研发、生产制造以及工程实践过程中，经过长期有目标的认真修炼，他们中的佼佼者，才会成为卓越工匠。从有志成为卓越工匠的个体角度出发，探索卓越工匠成才的有效路径，特提出如下建议，重点是工匠精神和卓越技能两大方面。

① 革命导师马克思在其博士论文中指出：“人的自觉为最高神格。”内心的觉醒，是成长为卓越工匠的最佳起点，也就是要有成为卓越工匠的

初梦。

② 大中型企业和有科技实力的小企业，都有可能成为卓越工匠的训练营，一定要愿意承担艰巨、困难、技术含量高、难度大的工作，任劳任怨，不计较短期得失，能够长期坚持和长期积淀，十年磨一剑，甚至干一事，终其一生。

③ 在平凡艰苦的职业岗位上，尽早做到岗位能力指数大于1，真正做到终生职业化，这是成为卓越工匠最重要的前提条件。不断调整和优化自己的技能和技术结构，进而尽快实现专业化，上手快、后劲足，这样才可能加快成才过程。

④ 关注经济及生产发展的客观需要，调整和优化自己的行为，主观能动地适应技术、生产、经营管理，成为好合作、受欢迎的好同事、好职工。

⑤ 留心多争取好老师、好师傅、好领导的垂范和指教，这是进化为卓越工匠的关键因素之一。特别要向本单位的卓越工程师学习，交朋友，频繁互动和合作，甚至主动争取直接进入他们的研发、攻关团队，一定会有快速提升的奇效。极有可能在这一过程中修炼出绝技，并被广泛认可。这是捷径的不二之选，可以提升卓越工匠的质量。

⑥ 强化提升专业技术和工程技术。阅读技术关联度高的技术书籍和期刊，是提高专业技术水平的好方法。例如某位焊工自己订阅《焊接》期刊，结合职业进行自主实践和研究，钻研出特种不锈钢焊接技能，顺利评上高级技师。

学会撰写工作总结、工作报告。如能撰写实践性的科技论文并发表，将是卓越工匠的强力自证。

结　束　语

较长时间以来，有一种轻视工人、工匠的不良社会现象，好在已经开始有所纠偏。通过对卓越工匠成才全过程的多维度观察思考以及对其成才规律的探索，可得出如下比较明确的结论。

① 高职院校的卓越工匠教育需要强力推进，强调校企全过程合作，为卓越工匠培育量足够大、质量足够高的后备人才。

② 卓越工匠培养的三个重点是：社会适应性的高素质（包括人文素质），精益求精的工匠精神，攻坚克难的卓越技能和技术。

③ 卓越工匠的成才，最主要的还是要在研发、生产、经营、工程活动中自主长期修炼和实践。主动承担生产和社会的责任，忍受艰难工作给予的历练，才能修炼出工精技巧的绝活，攀摘到创新活动结出的硕果。

④ 和卓越工程师的良性互动、深度合作、融通协同对卓越工匠的成才有关联共生的关键作用。

⑤ 需要研究社会化的卓越工匠评价认定机制和体系，有利于在全社会推动对卓越工匠的培养。这样才能做到“中国制造”不至于缺乏“大国工匠”。

⑥ 卓越工匠的培养不但要有中国特色，而且要兼具国际视野。作为科技创新和制造强国代表的德国和日本，就是很好的研究样本，也是需要认真学习的好老师。

⑦ 建设科技强国、制造强国、质量强国，需要庞大的高水平技术技能队伍，更需要高水平的卓越工匠队伍。在社会、院校、企业、工匠个人的多方共同努力下，大批有突出贡献的卓越工匠是能够炼成的。

⑧ 总结卓越工匠培养的三个关键点：专业化、职业化和工程化。卓越工匠活跃在生产一线、工程一线以及科研前沿阵地上。经过充分系统训练的卓越工匠后备人才，长期在平凡艰苦的岗位上坚守，最终会“熬出”卓越工匠来。

⑨ 之所以要写“卓越工匠的精益求精工匠精神”，其本意全在于卓越工程师也应该有这种精益求精的工匠精神，只不过更多体现在精确设计产品和特殊流程及特种工艺上。他们还应该充分协调利用好“卓越工匠”这一特别可靠的盟友。

参考文献

[1] 秋山利辉．匠人精神［M］．北京：中信出版社，2015.

[2] 亚力克·福奇．工匠精神［M］．杭州：浙江人民出版社，2014.

卓越工程师修炼的总结

引 言

2020年是教育部推行《卓越工程师教育培养计划》的收官之年，《卓越工程师是能够炼成的》是笔者经过认真探索的试验性成果。

卓越工程师已经是一种真实而深刻的重要存在，本书以全新的方式探讨卓越工程师的教育培养命题，更新和丰富了卓越工程师的概念框架，优化了卓越工程师培养这个智力程序、智慧系统、技术系统和创新体系，是对卓越工程师本质的一次认真深刻的研究。

如果已经选定了卓越工程师的人生目标，工程师就有了自己的人生策略。希望年轻工程师们通过阅读本书，离真正的卓越工程师精神更近一些，深刻理解卓越工程师的宏观走向和个性榜样，以更加广阔的人文视野和技术视野，充分发挥自己的文化主体性和技术主体性，去认真自主修炼卓越工程师。

耐心阅读本书的读者，可能已经有了一些启发和思考，本书内容涉及诸多领域的案例，这是感悟大师之教，“拜万人师”的大好机会。人类有共通的情怀，人类智慧非常深刻而自信，是完全相通的。为加大卓越工程师自主修炼的强度，加快人才发展的进度，提升卓越工程师自主修炼的效果，特做出如下总结。

1. 欲精技术，必先悟科学精神

科学的最基本态度之一就是疑问，科学的最基本精神之一就是批判。[1]敢于有异见，敢于质疑，敢于发表一家之言，或许这就是科技创新，特别是突破性创新的先兆。

综合性人文素质中，最重要的是科技意识，科技意识就是技术的规律意识再加上技术的理性精神。规律意识就是坚信技术规律是可以认识、理解和驾驭的，包括技术原理、技术逻辑、技术路径、技术系统等。按一定的程序和过程，应用技术的规律、定律、原理等来进行深入研究、技术开发、专利发明和产品的设计与生产，用于发展生产和经济，供给人类使用和享受。这就是技术的理性精神。

卓越工程师必须回归到技术的本质和本位，忠于自己的卓越工程师信仰。

2. 突破性创新的高价值

突破，是生物进化的关键；突破，也是科技创新的关键；突破，更是卓越工程师修炼成才的关键。创新的本质就是突破。

卓越工程师要善于继承，更需要求异创新，敢于前瞻性地探索和突破。技术创新可以分为两大类，继承性创新和突破性创新，突破性创新才有高价值。只有突破性创新的专利、突破性创新的产品、集合众多突破性创新的工程（例如高铁和核电）才能不被他人随心所欲地“卡脖子”，才能打破壁垒，结束国外的长期垄断。当前“强化国家战略科技力量，发展战略性新兴产业”的背景下，突破性创新就更加具有符合国家发展战略的高价值。

3. 创新者的创造工程

所谓创造工程，是来自美国的概念。把关于创造方法和技巧的研究，创造力形成的过程称为创造工程。创新卓越工程师的培养即为卓越工程师的创造工程，即卓越工程师的修炼方法，卓越工程师的发展、成长、成才的全过程。

创新的本质是突破和超越，包括对自己的超越。最先驱的创新者，才有推动原始创新的本质力量。

4. 卓越工程师高素质的极简表达

我国从高中起，就在开展素质教育。有了天津大学原校长龚克“卓越工程师的卓越就是高素质”的定位，毕业就业后更要对卓越工程师强调高素质。高素质切忌空谈，卓越工程师的高素质表现为：有好的技术良心和优秀的技术理性，尊重技术规律，技术路线可靠，技术设计精确，研制的产品一流。卓越工程师能挺立在科技前沿，毅然承担重任，创造力是其突破力量，有技术攻关攻无不克的霸气。

有科技创新能力，能够很好地完成艰巨复杂的科技工作任务，就是真正的高素质。

5. 企业的核心竞争力

根据著名国际咨询公司麦肯锡的管理理念，企业的核心竞争力，一是高层的洞察力和预见力，二是业务一线的实施力。业务一线既是团队，也指个体。卓越工程师无疑是业务一线的中坚力量，无论是研发一线、生产一线，还是工程一线。卓越工程师的良好执行力是企业的依靠和成功的关键，是能够使企业转危为安的重要力量。

6. 卓越工程师的广义技术观

技术观犹如是工程师的脊梁和灵魂。技术观是在科技领域起主导作用的价值观，能使工程师更加理性、严谨、智慧。跨领域、跨行业、跨专业，甚至和人文交叉的广义技术观，有哲学、文化内涵等更多维度。卓越工程师因为广义技术观而具有更大优势，因为这才有不受专业和时空限制的广阔技术视野，就可能有一种“打通”的观察和研究，能够寻找本来就存在着的，技术中广泛深刻的内在联系及规律。

7. 卓越工程师的综合方法论

方法论使工程师更加聪明能干，是其开辟前进道路的利器。各种科技创新方法可以简单综合地利用，这就是综合方法论。卓越工程师相比工程师，能够更熟练自如地使用综合的方法论。如果说“任何工程师的成功，一定是方法论的成功”正确，那么，更肯定“任何卓越工程师的成功，一定是综合方法论的成功”。综合方法论要成为卓越工程师应用自如的技能。

8. 卓越工程师的哲学修养

卓越工程师相比工程师，有能力和水平创制、定义或重新定义技术概念、专用名词术语，而新的技术概念和名词术语，正是科技创新和技术突破的原始起点，意义非凡。哲学家的工作和看家本领正是创制概念。卓越工程师在科技领域创制新的技术概念，比起哲学家来更内行、更准确。也就是说，在科技领域，如果卓越工程师具有良好的哲学修养，他们的技术和产品将具有哲学内涵，所以有更强的技术生命力。

技术哲学就是技术观和方法论的统一。

9. 卓越工程师的技术生命 S 曲线

任何企业、技术、专利和个人，都有相似的生命 S 曲线，包括幼年期、发展期（或成长期）、成熟期和衰退期。当工程师还处于发展期时，卓越工程师却可能迎来突破期，以后的超越期代替了衰退期。卓越工程师在法定制度退休之后，还有可能出现第二个更高层次的突破期。这说明，卓越工程师有更加持久的技术生命力。

10. 卓越工程师教育培养的两段论

理工科高校以卓越工程师为教育培养目标，完成学士、硕士和博士的学历教育，培养了卓越工程师的后备人才，可认为是卓越工程师教育培养的第一阶段。卓越工程师教育培养还应该有第二阶段，第二阶段是“以使命为校”，如同战国时期李冰父子建成都江堰旷世水利工程那样，就是更有效的社会性工程教育。

企业在卓越工程师教育培养方面，有重要的导向和实施作用，有真实的工程环境、创新平台和创新团队，这是卓越工程师教育培养迫切需要的行业企业工程背景。可能没有制度化的导师，却有卓越工程师榜样；可能没有规范化的固定教材，却有实践和实战的大好机会。主动潜心研读针对性强的专著，倾心追随大师，自主学习，自主修炼，自主发展和自我实现。

以自主学习和自主修炼的在职学习方式，作为学历教育的延续和拓展，两者都属于卓越工程师的教育培养，是相互紧密联系的两段论。

11. 卓越工程师强制修炼的关键点

卓越工程师将创造根植深基，第一重要的素质是工程素质。卓越工程师修炼是一个逐渐提高、逐渐成熟和成才的漫长过程，其关键节点是由专业化提升并完成系统化和工程化，形成稳定的工程能力。工程能力的核心是创造力，创造力是一种综合的高端能力。

卓越工程师的业绩和贡献，是能够在具有挑战性、复杂性科技课题的攻坚克难中，起到核心和关键作用，开发出注入企业支柱产品、品牌产品的自主核心技术和专利技术。

12. 卓越工匠强制修炼的关键点

卓越工匠第一重要的素质也是工程素质，这要靠卓越工匠的终生职业化才能养成。终生职业化的成果就是修炼出卓越技能。没有卓越技能，只有空洞的工匠精神，就不可能有现实意义的卓越工匠。

13. 卓越工程师的卓越工匠精神

精益求精的工匠精神并非卓越工匠独有，卓越工程师也该拥有精益求精的工匠精神，只不过多体现在研发、设计层面，而不是主要体现在实际操作层面，才被一般人忽视。

宏观技术、直观技术和微观技术的三观论告诉我们，卓越工程师拥有了更高层次的精益求精工匠精神，才能发掘、设计、驾驭和利用好微观技术以及特种工艺，再转移交付给卓越工匠去操作实现。

14. 卓越工程师的创新思维

创新思维就是具有创造性的意识和独具慧眼，是一种精神力量主导的心理活动过程。其精神性产品有新假说、新概念、新理论、新观念、新态度、新思考、新思想、新对策、新制度、新技法，具有超前性，最终可能物化成物质性产品。

创新思维的特点：

① 思维广度能跨越时空，海阔天空般的联想与类比能引发洞察。

② 思维深度有追根溯源般的深刻。

③ 思维的力度大，敢于有异见，敢于质疑，敢于批判，敢于挑战不可能。

④ 创新思维超级敏锐、顺畅，以新形式构成1+1>2的组织力，成为应对未来挑战的新资源。

⑤ 创新思维能够整体优化智力结构，充分发挥整体性、前瞻性、超越性。

⑥ 技术悟性导致技术顿悟和直觉，凡事一点就透，不点也能自己琢磨透，无师也能自通。

15. 卓越工程师的创新体系

本书讨论的创新体系只是个体性的创新体系。卓越工程师个人的创新体系全靠自己构建和持续优化，个性化特征特别突出。构建创新体系首先要有创新平台，创新体系的最高层是哲学主导的人文素养。创新体系实现的最好成果正是卓越工程师梦寐以求的“创造力”。

卓越工程师在创新体系中开展科技创新，才能更高效、更持久。

16. 科技管理中的卓越工程师

卓越工程师并非“自由人”那样随意活动，而是被制约在创新团队中，在科技管理之下，才能发挥出最大的潜力和作用。科技管理的最大表现特征就是科技管理制度，用制度保证人与人之间的良好合作。要有服从管理的自觉，适应创新团队的运行机制，使团队中每个成员都能很好协调合作，认真发挥1＋1＞2的组织性，进而充分发挥对于技术的1＋1＞2的组织性，有良好的执行力和工程实力，包括硬实力、软实力和巧实力。卓越工程师是创新组织中的杰出人物，甚至是灵魂人物，对任务始终保持忠诚，调用一切技术资源和技术手段，采取一切有力措施，在任何艰难困苦条件下，都能坚决完成任务。

科技管理是企业管理的重中之重，其实质是最终要出成果、出经验、出人才、出效益，对企业创新具有战略保证作用。

17. 卓越工程师的高效科技写作

高效科技写作，重点自然是代表性科技论文的写作。科技写作是卓越工程师突出的软实力，是一种高端无形技术，是最有主动权的竞争优势。轻视科技写作十分幼稚，会妨碍自己一生的全面发展。本书讨论的科技写作是广义的范畴，除科技论文是重点之外，还包括科技项目立项报告、科研项目研发总结报告、产品使用说明书、专利发明申请书、行业和专业发展综述报告、市场开拓报告、营销研究报告、晋升职称工作总结和申请表等。每一项都很重要，靠自己亲为才是上策。

高效科技写作不是老师教出来的，而是自己强制修炼出来的，是卓越工程师在效率竞争中能够胜出的锐利武器，终生受益。高效科技写作能力需要不断提高和突破。

18. 施一公院士的大师之教

早在2014年7月，施一公院士在一次给大学生作报告时，语重心长地劝导："优秀学生会思考时间的取舍，以及方法论的转变，要有批判性思维。""要从大学伊始，尽快转变思维，这就是方法论的转变。"

施一公院士堪称科学家兼教育家，他的那句忠告极为简单、平常，谁都一听就懂，却是高水平的见解，是很难得一见的大师之教。施院士的指教对于卓越工程师也非常适宜。正在修炼立志成为卓越工程师的青年朋友，要做好时间的取舍，不要在信息爆炸中浪费生命。《卓越工程师是能够炼成的》的第一重点，正是科技创新方法论的转变，方法论的强制修炼以及综合方法论的熟练应用。

19. 卓越工程师的心理学分析

卓越工程师的修炼具有鲜明的文化主体性和技术主体性，是一种自觉的“社会化”过程。

卓越工程师就是世界著名心理学家亚伯拉罕·马斯洛在其《自我实现的人》[2] 中研究的那种“自我实现的人”。本书重点讨论的自主修炼，是有一定心理学依据的。

卓越工程师和优秀工程师有很多相似之处，但又迥然不同。卓越工程师有着彻底的个性化和完全的社会化，有着对人类智慧和科技创新更深刻的体验和认同。他们是自觉的实干家、奋斗者、超越者，保持着很强的独立性和自主性，他们的人格力量兼具智慧力量、道德力量、意志力量和群体力量，很善于将 1＋1＞2 的组织性应用于自身及其所从事的科技事业，并能更好地协同运行。他们的自主学习、自主修炼是一种持续不断的发展过程，也是社会责任感不断增强的过程。最佳和最充分发挥自己的潜能之后，更加容易做到自我实现和自我超越，竭尽所能，成功走向力所能及的人生高度。

卓越工程师后备人才的自主学习、自主修炼、自主发展、自我实现是卓越人才教育培养的新探索。自主性的强制修炼是卓越工程师成才的必由之路，是本书的“要旨”。

20. 一本书的一句话结论

现实社会应该要有能让优秀工程师快速成熟和成长为卓越工程师的良好机制，站位社会经济发展和工程界的现实，对卓越工程师命题的探索研究，更应该具有多维度的整体性，凸显卓越工程师命题的丰富内涵。本书研讨的卓越工程师，包括应用型、设计研发型和研究型的卓越工程师，还延伸到卓越工匠。

经济全球化的历史性变革，远比我们亲身经历来得震撼。实施《工业制造 2025》，强化国家战略科技力量和正在制定的国家“十四五”发展规划，是卓越工程师百年不遇的战略机遇，卓越工程师的教育培养就有了非常好的时代因素。时间、修炼、实践是塑造卓越工程师的三种强大力量，科技创新方法论尤其重要。卓越工程师最终应该达到的境界就是：会干、会写、会讲、会突破、会管理、会带领团队，会解决普遍性或特殊性技术难题。

创新是工程师的天职，通过特殊修炼过程进化出来的创造力尤其宝贵。能耐天磨，大悟必巧，积累经验，去成就未来。

本书已经展现出一种简洁、深刻的技术秩序，我们最终得到的将是审视和评议卓越工程师的全新视角，用简洁一句话来表达本书的写作目的，就是“卓越工程师是能够炼成的”。这也是作者对卓越工程师和卓越工匠后备人才，以及其他年轻工程师们的殷切希望。

参考文献

[1] 保罗·戴维斯．上帝与新物理学［M］．徐培，译．长沙：湖南科学技术出版社，1991.

[2] 马斯洛．自我实现的人［M］．许金声，刘锋，译．上海：生活·读书·新知三联书店，1987.